「食」の図書館

ジンの歴史

GIN: A GLOBAL HISTORY

LESLEY JACOBS SOLMONSON
レスリー・ジェイコブズ・ソルモンソン【著】
井上廣美【訳】

原書房

目次

［……］は翻訳者による注記である。

序章◉火の酒――ジン

ジンという英語が初めて活字になったのは、イギリスの風刺作家バーナード・マンデヴィルの1714年の著作『蜂の寓話――私悪すなわち公益』だ。

貧乏人の健康に関しても、彼らの用心と精励に関しても、あのいまわしい大酒ほど害になるものはない。その名前はオランダ語の杜松《ジューニパー》にあたる語から出て、ひんぱんに用いられたのと国民の簡潔を好む精神によって、いまでは中位の長さの語から中毒性のジンという一音節語に短縮された。ジンは怠惰でやけくそで狂気じみた男女に魔法をかけ、……それは火の湖であって、頭脳を燃えたたせ、内臓を焼きつくし、体内のあらゆる部分を焦がす。同時に、それは忘却の川であり、哀れな者が、そのなかに浸っていちばんつらい心配をも押し流し……すっかり忘れるのである。

ウィリアム・ヒース「ジン——もうひとつのほうも飲んじまおうぜ *Gin: Let's Have T'other*」（1880年代頃／手彩色エッチング）。下部にはジンの悪影響を非難する言葉がある。「ミルトンいわく、ジンと栄光は墓穴につながる」

――バーナード・マンデヴィル『蜂の寓話――私悪すなわち公益』〔泉谷治訳／法政大学出版局／1985年〕より

マンデヴィルがここで力説しているのは、「ジン・クレイズ（狂気のジン時代）」と呼ばれるほどジンが熱狂的人気を得た18世紀にロンドンをむしばんでいた有毒な酒のことだ。驚くべき話だが、まさにこの殺人ジンが、現代のクラシックな酒に進化したのである。

ジン、ウイスキー、ラム、ブランデー……あらゆる酒に、それにまつわる物語がある。ジンの物語は矛盾だらけだ。ジンは王侯貴族も庶民も口にする。ジンは18世紀のロンドンに世界初の近代的なドラッグ中毒をもたらしたが、ロンドン・ドライ・ジンはやがてドライ・マティーニというカクテルに使われ、洗練された趣味を体現するようになる。アメリカでも、ジンは救世主であり悪魔でもあった。アメリカ生まれの「カクテル」に使われたジンは薬効があるとされたのに、禁酒法時代になると、世間から嫌われ、さげすまれた。そして、現代のバー文化で立派に殿堂入りしながらも、「ジン・ミル（安酒場）」「ジン・ソークト（ジン浸りの）」「ジン・ジョイント（安酒場）」といった表現に見られるような、否定的なイメージの名残とまだ闘っている。

スピリッツ（蒸溜酒）のなかでもひときわ愛され、ひときわ非難されているのがジンだ。ジン好きはジン以外飲まないということが多い。一方、別の酒のほうが好きだという者は、ジンそのものを否定する。ある大酒飲みがいみじくも断言したように、「ジンはまるでクリスマスツリーのにお

ジョン・コリアー「ここにおわすは陽気なケイト婆さんとナンとベス *Be Here, Old and Merry Kate, and Nan, and Bess*」(1773年頃／エングレービング)。ジン・クレイズの後に描かれたこの風刺画は、ジンを飲むことと女性の飲酒の両方を非難している。左の女性はゴブレットのジンを飲み干しており、右の女性は当時流行していたジン・パンチを満たしたパンチ・ボウルを抱えている。

いをかいでいるような味がする」などと言う。たしかに、その松の木を思わせる特徴こそがジンの決定的な栄光でもあり、どうしても避けられない呪いでもある。

ジンの風味づけに欠かせない原料であるジュニパー（西洋ネズ）は、大昔から薬用に使われてきた。それどころか、ジュニパーの薬効が広く知られていたことからすれば、健康のために飲む強壮剤が「治療用」のスピリッツに変わったのは、少しばかり道がずれてしまったとはいえ、自然なことだった。薬用に使うにせよ、気晴らしのために使うにせよ、いずれにしてもジンの特徴を決定づけているのが、ジュニパーのかぐわしい実、ジュニパー・ベリーだ。ただし正確に言えば、ジュニパーの実はベリー（漿《しょう》果《か》）「肉厚で水分が多く、やわらか

ジュニパー・ベリー。ジンの風味づけに使われるクラシックなボタニカル。

い果肉に包まれる果実」ではなくコーン（球果《きゅうか》）である。簡単に言えば、ジンは基本的には穀類をベースにしたスピリッツで、それにジュニパーを中心としたさまざまなボタニカル（草根木皮）を加えて蒸溜したもの、ということになる。

だがこの説明では少し簡単すぎる。ジンは、香りのよいアルコール飲料というだけではない。それどころか、まるで小型の望遠鏡さながら、ジンを通してのぞけば社会と政治と農業の展開が見えてくるのである。マンデヴィルの文章からもわかるように、ジンの物語は発見の物語だ。たとえば、たいていの人はジンと言えばイギリスだと考えるが、ジンの公認の発祥地は13世紀のフランドル地方［ベルギー西部を中心にフランス北部からオランダ南部までを含む北海に面する低地地域］であり、ジンはそこで「イエネーフェル jenever」として生まれた。イエネーフェルとは、ジュニパーを指すオランダ語だ。

アントワープのルイ・メオユ蒸溜所が描かれた宣伝用カード。1900年頃。

このイエネーフェル（jenever）を英語のスペルに変えた「ジュネヴァ Genever」は、たいていの人がジン・トニックで味わっているようなさわやかで澄んだ液体とは程遠い。おもにジュニパーで風味づけしてあるので、定義上はジンとみなされるが、むしろ、ウイスキーのモルトに近い甘さがある。

18世紀のイギリス人はジュネヴァの味が気に入ったが、イギリスの蒸溜所はジュネヴァの味を再現することができなかった。その結果、マンデヴィルが先の文章を書いてから数年後にピークを迎えたジン・クレイズの時代には、イギリスのジンは密造ウイスキーに近いものになっていた。だが19世紀になると、この粗悪な酒が「オールド・トム」と呼ばれるスタイルに進化した。ジンに個性的な風味を与えるハーブやスパイスなどのボタニカルが重視され、当時の好みに合わせて甘味が加えられたのである。

オールド・トムから生まれたのが、もっとも有名な

ゴードン・ジンの広告（1960年代）。ドライ・マティーニに欠かせないものとなったロンドン・ドライ・ジンは、洗練の極致を体現していた。

ジンであるロンドン・ドライだ。そして今や、ロンドン・ドライを試金石として、世界各地に出現したダイナミックな現代的蒸溜所が、エキゾチックなボタニカルや実験的な蒸溜技術を駆使して驚くほど多様なクラフト・ジンを生み出している。現在、どのようなスタイルのジンが生まれてくるのか予想するのはもはや不可能な状況であり、スタンダードの定義の範囲も拡大する一方だ。かと思うと、時代の気まぐれな変化に取り残され消えてしまったスタイルが復活するという動きもあり、ジン愛好家のみならずジン否定派をも、まったく新しい味の世界にいざなっている。

本書は、この不思議な飲み物の進化をたどっていく。薬用酒だったジンは、やがて文字どおり人間を破壊してしまうものとなり、その後カクテルの誕生にダイナミックな役割を果たした。『気の合った者同士 *The Kindred Spirit*』の著者ロード・キンロスの言葉を借りれば、「ジンの物語は成功の物語だ。貧民窟からはい上がり、文明人の立派な友となった火の酒の成功譚である」。

第1章 ◉ ジンの薬効のルーツ

文明は蒸溜からはじまる。
——ウィリアム・フォークナー

ジンの歴史は、ジュニパー（西洋ネズ）の木やかぐわしいジュニパー・ベリーと切っても切れない関係にある。ヒノキ科の一種であるジュニパーは、古代からあらゆる病に効くと考えられてきた。大プリニウスも著書『博物誌』でそのことに触れており、アリストテレスもジュニパーは健康に役立つと言っている。古代エジプトでは、ジュニパーを乳香《にゆうこう》、クミン、ガチョウの脂と一緒にゆで、頭痛の治療に用いた。アラブ人もジュニパーの木から樹脂をとり、歯の痛みをとるのに使った。また、古代から中世にかけて、甘いワインにジュニパーやセージ、ローズマリー、マジョラムなどのハーブを混ぜたものが避妊薬や堕胎薬として使われた。だが近現代のジンではジュニパーすなわち風味成分とされ、薬効成分については触れられなくなった。

ジュニパー（西洋ネズ）。歴史的に見ると、ジュニパーは樹皮から実、針葉、樹脂にいたるまで、樹木全体が薬用に利用された。

◉アルコールと古代の世界

あらゆる蒸溜酒の物語と同様に、ジンの物語も、アルコールそのものが思いがけず発見されたところからはじまる。アルコールは、酵母と糖の相互作用による醱酵から自然に生じる副産物だ。新石器時代に暮らしていた私たちの祖先が初めて飲料を醱酵させたのがいつだったのかについては、文字に書かれた記録がないので正確なところは特定できない。だが、この偶然の自然現象は、祖先たちにとってうれしい事件だったはずだ。アルコール独特の効果を知った彼らは、醸造酒を積極的につくるようになったからである。実際、中国やメソポタミアで発見された石器時代の陶器の壺に残っていたものを分析したところ、その壺は、コメ、大麦、ブドウなどの各種農産物からつくられたアルコール飲料を貯蔵しておくのに使われていたことがわかった。その酒が薬用だったのか、それとも何かの儀式に使うためだったのか、気晴らしに飲むためだったのかははっきりしないが、公認の酒場もあった。

ナイル川流域にいた私たちの祖先も紀元前４０００年頃から酒を飲んでいたことが、エジプトのヒエラコンポリスにある世界最古の醸造所の遺跡やヒエログリフからわかっている。古代ギリシア人もやはり酒を飲んだ。古代ギリシア人は、ワインを愛する好色な酒神バッコス（別名ディオニュソス）への熱狂的な信仰と結びつけて考えられることがよくあるものの、実際にはほどほどに飲んでいたにすぎない。そしてローマ人もバッコスを自分たちの神として受け入れ、征服した土地でブドウ栽培を勧めたのか、それともブドウが育ちそうな土地を征服したのかはともかく、領土内でワイン生産をひろめた。

●錬金術と中世

酒好きだった私たちの祖先がワインとビールだけで満足していたとしても、今の私たちはそれだけではとても物足りない。だがありがたいことに、アラブ人錬金術師の好奇心のおかげで「スピリッツ」が発見された。今の私たちが「ハード・リカー（蒸溜酒）」と呼んでいるもののことだ。ビールとワインは酵母による醱酵を利用してつくられるが、そうしてできた液体のアルコール含有量は、高くても15パーセントほどしかない。ジンのようなスピリッツは、穀類あるいは果実や野菜を醱酵させ、そのエタノール（アルコール）を含む醱酵液を蒸溜してつくる。水の沸点が１００℃であるのに対し、エタノールの沸点は78・3℃。アラブ人が発見した蒸溜という手法を使えば、沸点の差を利用して水分とエタノールを分離できる。アルコールの沸点のほうが低いので、加熱して先に出てくる蒸気を誘導して回収すればよい。回収した蒸気を冷却すれば液体に戻るが、その液体は以前とは別物――スピリッツという魔法の霊薬になっている。

暗黒時代のヨーロッパ（一般には、4世紀から9世紀までを言う）がのろのろと歩を進めていたのに対し、アラブ人錬金術師はせっせと蒸溜をおこなっていた。アリストテレスは海水を浄化して飲める水に変えることについて述べたが、蒸溜という高度な技術については、アラブの錬金術師ジャービル・イブン・ハイヤーン（７２１～８１５）が生み出したというのがほぼ定説になっている。西洋ではゲーベルという名前で知られているジャービルは、伝説の「第5元素エーテル」を発見しようとしていた。この第5元素が、卑金属を金に変える物質なのではないか、不老不死の霊薬なのではないかと考えていたのだ。

少なくともジンにかんするかぎり、歴史へのジャービルの最大の貢献は、「アランビック蒸溜器」の発明だ。ただし、蒸溜そのものについてはすでに紀元1世紀にギリシアの医師ディオスコリデスが著書『薬物誌』［鷲谷いづみ訳／小川鼎三ほか編／エンタプライズ／１９８３年］のなかで言及しており、蒸溜やさまざまな薬草療法についてのディオスコリデスの観察記録が世界中に流布していた（この書物は、現代の薬局方《やっきょくほう》［医薬品の性状や品質の適正をはかるため、名称、品質、純度、定量法、

患者について議論するふたりの医師。ディオスコリデスの『薬物誌』のアラビア語訳写本（1222年）の挿絵。

ヒエロニムス・ブランシュヴァイク「蒸溜装置 *Distillation Apparatus*」（15世紀／エングレービング）

貯法などの基準を定めた国の法令」の基礎にもなっている）。また記録によると、アレクサンドリアの大学の錬金術師だったユダヤ人女性のマリアが、アランビックをはじめとする数種の蒸溜器を発明したともいう。アラブ人は、錬金術の研究のためにこうした知識をとくに熱心に集めていたのである。

アランビックは、アラビア語で「蒸溜器」を意味する「アランビック al-inbiq」に由来する呼び名で、現在スピリッツの製造に使われている球根の形をした銅製の器具、単式蒸溜器（ポットスチル）の先祖にあたる。とはいえ、ジャービルはアルコールを蒸溜する方法を確立したものの、特定の用途を考えていたわけではなかった。

蒸溜したアルコールが医薬品の賦形剤《ふけいざい》［薬剤を使用しやすくするために加える物質。水薬におけるシロップ、軟膏におけるワセリンなど］として役に立ちそうだと気づいたのは、ペルシアの学者アル・ラーズィー（865～925年。ラテン語名ラーゼス）だった。彼が蒸溜してつくったのが「アクア・ヴィタエ」つまり「生命の水」であり、この霊薬がその後何世紀にもわたって無数の病気の治療に使われ、ついには気晴らしのためにも飲まれるようになり、本物のジンが誕生する舞台を用意することになった。

ジャービルやアル・ラーズィーの著作はヨーロッパ各地に流布し、イタリアのサレルノにあったベネディクト会の修道士にも伝わった。歴史的に見ると、修道院は信仰のみならず治療の中心地でもあり、修道士がさまざまな医薬品の実験や製造をしていた場所だ。今では名前も正確な生没年もわからないが、そうした勤勉な修道士のひとりが生みだしたとされているのが、ジェラルディン・コーツが著書『クラシック・ジン *Classic Gin*』で「最初のプロト・ジン」と呼んでいるもの、つまり、膀胱と腎臓の病気を治すためのジュニパーをベースにした蒸溜液だった。

その後の数百年間、蒸溜はすたれてしまったが、やがて13世紀になると、フランス南部のモンペリエ大学やアヴィニョンで教授をしていたアルナルドゥス・デ・ビラ・ノバによって、蒸溜はふたたび記録に登場することになる。アルナルドゥスは著書『ワインの書 *Book of Wine*』で、生きる力を与えてくれる効能が「アクア・ヴィタエ」にあることや、これに各種の薬草やスパイスで風味づけすることについて書いていている。

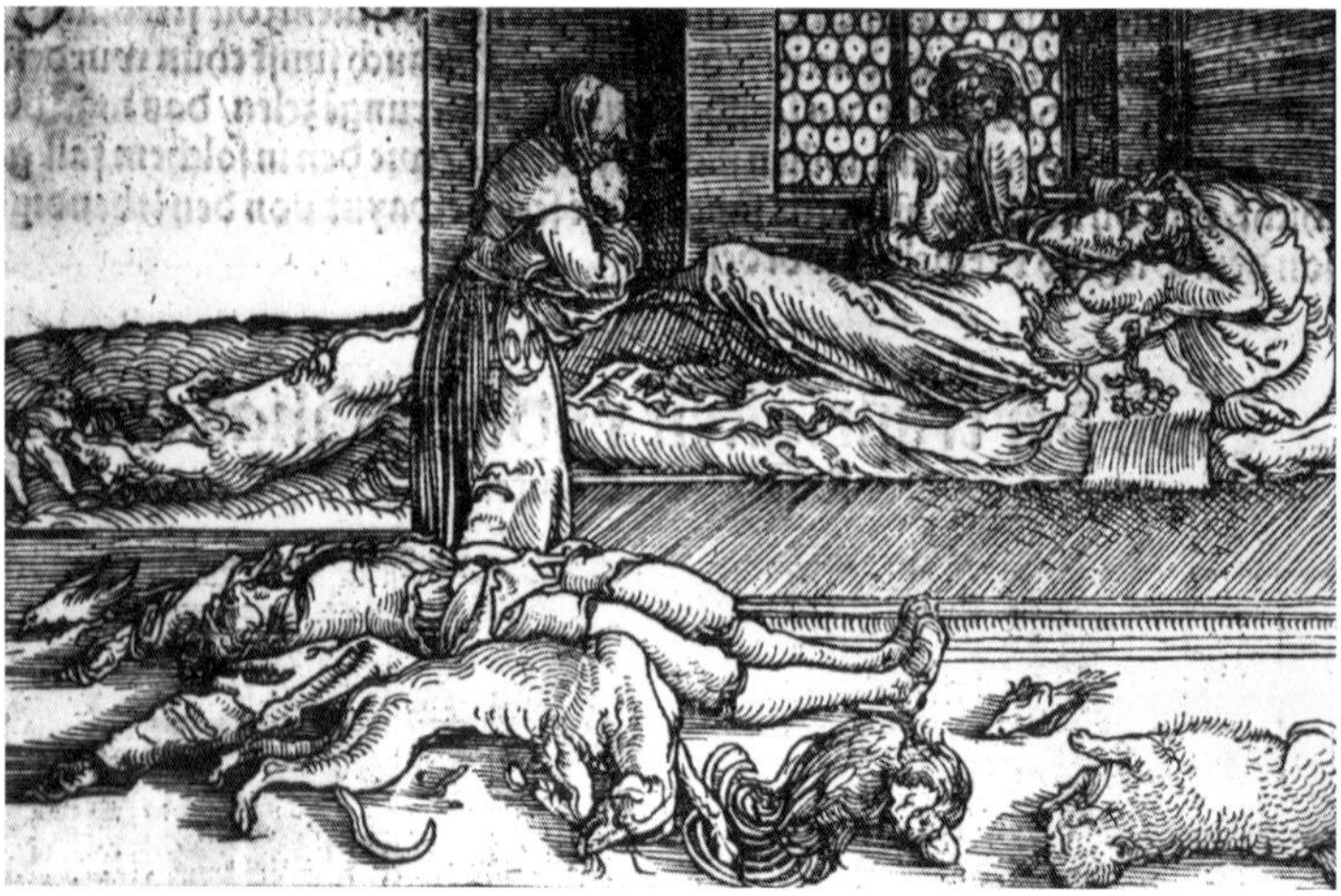

ハンス・ヴァイディッツ「人も動物もペストからは逃れられない *Neither Man or Animal is Immune from the Plague*」。ペトラルカの著作集のドイツ語版挿絵（1532年／木版画）。

◉ジュニパーと死神

それからまもなく、蒸溜は修道院の中から出て、貴族の館にゆうゆうと腰を据えるようになる。ジュニパーは何世紀にもわたって万能薬として用いられていたが、自家製のコーディアル［果実エキスやハーブなどからつくる滋養強壮作用のある甘い飲料］やリキュールに加えられることが多かった。しかしほどなく、ジュニパーの成分を溶け込ませた強壮剤を自宅でちびちびするという楽しみは、死神を避けようと必死になった民衆のヒステリーによって損なわれてしまう。黒死病が到来したため、ジュニパーが14世紀の「特効薬」として重要な役割を果たすことになったのだ。

ネズミに寄生するノミを介して人間に感染し、後に腺《せん》ペストと呼ばれるようになる伝染病を発生させるペスト菌は、たちまちヨーロッパを屈服させた。この細菌は感染から1週間とたたずに患者の命を奪い、手当たり次第に広まっては、全ヨーロッパにパニックの爪痕を残した。死者は数百万人にのぼり、ヨーロッパがこの荒廃から立ち直るには100年近くかかった。今では、ペストは抗生物質を投与するだけで効果的に治療できるが、1348年春のヨーロッパ大陸の住民にはまったくなすすべがなかったのである。

当時は、ペストは病気の有毒な蒸気を吸い込むことで感染する、という誤った思い込みをみなが持っていた。そのため、腐敗した遺体の臭気と闘い、空気中を漂う致命的な毒を避けようと、人々はジュニパーやその仲間の植物の芳香を利用した。また、黒死病の消毒には火が一番だとされていたので、ジュニパーやローズマリーや香を使って盛大にかがり火をたいた。勇敢にも自宅から外出しようという人は、疫病よけに薬草のにおい玉を持って出かけたという。

1365年、ブルゴーニュのジャンは、その有名な著書『ペスト論 *Plague Treatise*』でこう助言している。

> 寒い日や雨の日は、自室で火をおこし、霧が出ていたり風が強ければ、毎朝家を出る前に芳香剤を吸い込むべきである。……ベッドに入るときには、まず窓を閉め、ジュニパーの枝を燃やして、その煙と香りで部屋を満たすこと。……空気中に悪臭が感じられるたびにこれをおこない、……そうすればこの伝染病から身を守ることができる。

ジョヴァンニ・グレヴェンブロッホ（1807年没）「ペスト流行期のヴェネツィアの医師 *Doctor in Venice at the Time of the Plague*」（水彩）

当時の医師は本当の治療法を知らず、薬草のチンキや万能薬を患者に与えてはいたものの、ほとんど効き目はなかった。せいぜいできたことはと言えば、混乱のさなかに恐ろしげな人物を演じることくらいだった。黒の長いローブに身をつつみ、おもにジュニパーをつめた異様に細長い円錐形のマスクで鼻を覆っていたのだ。巨大なくちばしにしか見えないこの防護マスクからは、評判の悪い医者をさす「クワックquack」という言葉が生まれている。

ペストが流行してヨーロッパの人口は半減した。その結果、労働力の商品化が進むと同時に賃金が上昇し、封建制度全体が土台から崩れていった。イアン・ゲートリーが著書『ドリンク *Drink*』で述べているように、農村部から都市におしよせてきた新たな労働者は、商業規模での酒の生産を求めた。この新しい自由市場経済が、余暇というやはり新しい概念を生む。そして、だれでも立ち寄れる酒場が誕生し、活況を呈するようになったのである。

つまり——間接的ではあるが——長期的な視点から見ればジンの進化はペストのおかげだとも言える。市販のアルコール、自由市場経済、そして多数の酒場の登場がなければ、ジンが、いや、それどころかすべてのアルコールが、西洋の文化に浸透することはなかっただろう。

第2章◉ネーデルラントのジュネヴァ

水夫にとって一番役立つ羅針盤は、ジュネヴァを満たしたグラスである。
——オランダのことわざ

ジンの前にジュネヴァあり。後にオランダとベルギーとなる地域を中心として最初に蒸溜されたジュネヴァは、ジン好きでさえ知らないジンだ。「ジュネヴァ genever」という言葉は、現地では「イエネーフェル」と発音する。きわめて単純なネーミングだが、ジュニパーを意味する。この言葉をイギリス人が英語化したのが「ジュネヴァ geneva」であり（スイスの都市ジュネーブとは無関係）、それが無味乾燥な「ジン」という呼び名になった。しかし、よく言われるようにジュネヴァを「ダッチ・ジン」と呼ぶのは、ジュネヴァにもジンにも無礼なばかりか、大きな間違いだ。実際のところ、ジンとジュネヴァは兄弟姉妹というよりも、親しいいとこ程度の関係にすぎない。現代のジンは、基本的には風味をつけたウオッカであると言ってよいが、ジュネヴァはジンよりも強く酔いが来る酒で、透明で香りの強いイギリスのジンよりは、上質なウイスキーに近い。このウイスキーのような蒸溜酒が、今のベルギーのアントウェルペン（アントワープ）の陥落後、イギリスの兵士たちをとりこにした。そして、18世紀の「ジン・クレイズ」の時代にロンドンを危機におとしいれたのが、この上質の酒をまねた粗悪な安酒だった。

●ジュニパーのスピリッツ

マース川とスヘルデ川とライン川に囲まれた低地地域のネーデルラントでは、ジュネヴァは長い歴史を持つ。現在、この地域にはオランダ、ベルギー、ルクセンブルクとフランス北部の一部（フランドル・フランセーズ）、ドイツの一部地域が含まれる。

１０００年頃、この地域はまだ中央集権的な統治もなく、王や聖職者、少数の自由市民と多くの農奴が小さな村々に住んでいるだけの封建社会にすぎなかった。だが、その後の３００年間に大きな変化が起きた。地域の中心となる都市が出現し、統治がより明確になったのだ。１３６９年、ブルゴーニュ公のフィリップ２世（豪胆公《ごうたんこう》）がフランドル女伯《じょはく》マルグリット３世と結婚して以来、この地方はブルゴーニュ公が支配する時代がはじまった。この時代が終わったのは、スペインのハプスブルク家がネーデルラントを支配するようになった１４８２年のことだった。

支配者となったフィリップ２世は、この地方の中央集権化を望んだ。その後の歴代ブルゴーニュ公もこの中央集権的支配を続けたうえ、次にこの地方を支配したハプスブルク家への嫌悪感まで出てきたことから、この地域にナショナリズムの意識が芽生えた。そしてこの意識が、ついには政治的・地理的にネーデルラント地域を統合することになるのだが、ネーデルラントの人々はジュネヴァが好きだということでも結束していた。

後にジュネヴァに用いられることになるジュニパーは、中世の初期にはすでにヨーロッパの薬局の棚に必ず置かれているものだった。オランダ語の印刷物でジュニパーを主材料とする強壮剤について初めて本格的に言及したのは、1269年に当時のフランドルで最高の詩人だったヤーコブ・ファン・マールラントが書いた『自然の花 *Der Naturen Bloeme*』である。これは、13世紀半ばに神学者のトマ・ド・カンタンプレが自然の歴史について書いた『自然について *Liber de Natura Rerum*』を自由な形式で翻訳した12巻の書物だ。「怪物のような種族」（キュクロプス、ピグミーなど）や海の怪物（カニス・マリヌスつまり「アザラシ」）について書いているほか、ファン・マールラントが解説した実用的な情報も載っている。たとえば、「普通の木」と題した第8章には、ネーデルラントでつくられるジュネヴァの本質を規定する次のような文章が見られる。


ジュニパーの灌木は常緑である。

暖かく乾燥した状態では、ジュニパーの働きは自然で、悪霊を祓う。

胃痛に苦しむ者は、ジュニパー・ベリーを雨水で煮ること。

けいれんに苦しむ者がその痛みをやわらげるには、ジュニパー・ベリーをワインで煮ること。

この木からは大きな潜在力あるいは可能性のあるオイルがとれる。

ヤーコブ・ファン・マールラント『自然の花』（1269年）より

その材木を干し、干した木を壺に入れる。まず3分の1だけ入れ、次にもう3分の1をその上に入れてから、その上に残り3分の1を入れる。

壺を密封して熱し、その結果生じたオイルを地中の壺で冷やす。

このオイルは、軽い病気、胃のけいれんに効き、臨終の苦痛をやわらげる。食べ物に混ぜることもできる。


ベルギーのハッセルトにある国立ジュネヴァ博物館の会長だったエリック・ファン・スクーネンベルグ教授は、その権威ある著書『ラーヘ・ランデン（低地地域）のジュネヴァ *Jenever in de Lage Landen*』（1996年）のなかでファン・マールラントの著作を分析しており、それによれば、右記の文章は1世紀にディオスコリデスが記録したものと同じく、ポットからポットへ移す方式の蒸溜プロセスを用いているという。ディオスコリデスの使った用語「ディスティラティオ・ペル・デセンスム distillatio per descensum」は、一番下のポットを地中で冷やす蒸溜システムのことを言う。注目すべきは、ファン・マールラントが古代の蒸溜技術を知っていたと思われることだ。

1349年にネーデルラントがペストに襲われたとき、効果がなかったとはいえ、ジュニパーはおなじみの万能薬だった。およそ150年後の1497年、アムステルダムの納税台帳に、「ブランデウェイン brandewijn」つまり「焼いたワイン」というものにかけられた消費税についての記録が出てくる。この記録は重要だ。「焼いたワイン」とはワインを蒸溜したもの、つまりブランデーであり、このスピリッツに税金がかけられたということは、これが嗜好品として飲まれていた事実を示すからだ。アントウェルペンでも、1551年に初めて同様の税金が課せられている。

15世紀末には、「焼いたワイン」をつくる方法を書いた中期オランダ語の写本に、「アクア・ヴィタエ（生命の水）」の蒸溜法も含まれるようになった。これは、ブランデーが基本的な医薬品であるというだけなく、台所の必需品にもなったことを示している。またこの写本には現代のジンではおなじみのボタニカル——ナツメグ、ジンジャー、ガランガ根、グレインズ・オブ・パラダイス、コショウ、クローヴ、シナモン、カルダモンなど——を使ったつくり方ものっている。蒸溜したワインだけをベースに使うようはっきり限定していることからすれば、この写本は、ボタニカルを加えて再蒸溜した嗜好品のスピリッツに言及した最古の文献のひとつである。

次は1552年、アントウェルペンで私たちは「本物」のジュネヴァにもう一歩だけ近づく。フィリップス・ヘルマンニの『コンステリイク蒸溜書 *Een Constelijck Distilleer Boek*』という書物に、ジュニパー・ベリーを用いた嗜好品のスピリッツのことが初めて出てくる。ヘルマンニはこの酒を「イエネーフェルベーセンワーテル geneverbessenwater」と呼んでいる。オランダ語で「ジュニパー・ベリー水」という意味だ。

しかしこの時点では、ジュニパーはまだ蒸溜したワインと組み合わせられており、ジュネヴァやジンに伝統的に用いられてきた穀類のスピリッツ（グレーンスピリッツ）に加えてはいない。ところがそのわずか数十年後、カスペル・ヤンツの『蒸溜の手引き *A Guide to Distilling*』（1582年）

という書物が初めて穀類の蒸溜について言及している。これによると、「コーン・ブランデーワイン」つまりグレーンアルコールは、「香りも風味もブランデーワインとほぼ同じで……ブランデーワインという名で呼ばれ、飲まれ、売られている」

●グレーンスピリッツ

穀類の蒸溜酒を使うようになった理由はいくつかある。フランドルの画家ピーテル・ブリューゲル（父）（1530頃〜1569）の『雪中の狩人』や『鳥の罠のある冬の風景』のような風景画を見ると、当時は小氷期がはじまった頃だったため、ヨーロッパ北部の気候がかなり寒冷だったことがわかる。この時代、冬は非常に厳しいうえに長く、春と夏も今よりも涼しかった。そうした気候ではブドウは育ちにくい。しかしライ麦や大麦といった耐寒性の高い穀類ならば育てられたし、貯蔵しておくのもブドウより簡単だった。しかも、スペインやイタリアといったワイン生産国相手にたびたび貿易封鎖がおこなわれていたので、ワインの入手がむずかしかった。もし手に入れることができたとしても、輸入には莫大なコストがかかる。当然、民衆は入手しやすい材料から酒をつくろうとする。それが蜂蜜酒やビール、ライ麦や大麦を原料にしたブランデーだった。

このグレーンブランデーはネーデルラント南部で大流行し、支配者スペイン・ハプスブルク家のアルブレヒト大公が1601年に、グレーンブランデーの製造と販売を禁じる勅令を発するほどだった。理由は、穀類は蒸溜酒をつくるために使うのではなく、パンを焼くのに使用することが望まし

ボルスを宣伝するポストカード（1915年頃）。設立年が1575年となっている点に注目。

い、というものだ。だが、あらゆる禁酒法が必ずそうであるように、この禁令も完全に守られることなどなかった。加えて、フランドルの蒸溜業者が次々とヨーロッパの別の地域へ移住していったのである。八十年戦争が勃発した1568年にはすでに多くの蒸溜業者がネーデルラントから脱出していたが、そのときと同様、彼らも蒸溜の知識を携えて故郷を離れた。こうして16世紀から17世紀にかけ、数百の蒸溜業者が後のオランダ、フランス、ドイツで開業した。

この時代は、オランダ東インド会社が国際舞台に躍りでて、世界の商業の様相を一変させていた時期だった。それまでもオランダ人は、自国から遠くまで足をのばしては、知識を得たり広めたりしていることで知られていた。また彼らは優れた実業家でもあったから、16世紀末には、それまで以上に世界進出を目指したくなる理由もあった。当時オランダはバルト海や北海では交易ルートを支配していたが、

陶粘土製のボトル（1890 ～ 1935年頃）。当時の典型的なボトル。

大儲けできるアジアのスパイス・ルートはポルトガルが握っていた。オランダはまだそのルートに参入できていなかったのだ。

　オランダはポルトガルにほとんど遠慮などしなかった。ポルトガル人の不注意な商慣習のせいでコショウのようなスパイスの価格が需要に合わないほど高騰していたことに、オランダは業を煮やしていたのである。しかも、当時ポルトガルはカトリック国のスペインに併合されており、プロテスタント側のオランダはスペインと戦争中だった。当然、オランダにとってポルトガルは軍事行動の標的となる。こうしたさまざまな要因により、1602年、オランダ議会はオランダ東インド会社にアジアでの21年間の独占権を与え、このことから世界初の株式会社が誕生した。やがてオランダ東インド会社はポルトガルやイギリスなど

ジュネヴァのグラス（1920～40年頃）。オランダ人の飲酒文化はジュネヴァを中心に築かれた。これら特別な形をしたグラスはスピリッツ用。

の競争相手を駆逐し、喜望峰から日本までの貿易を独占してスパイス・ルートを握った。このことは、オランダ人が好んでいたジュネヴァという飲料の風味づけに使うスパイスをうまく調達できるようになったということでもあった。またオランダ東インド会社は、この独占を最大限に利用して約3万人の社員を世界中に派遣したが、その社員たちと一緒に、ジュニパーをベースにするスピリッツも世界中に広まったのである。

1730年頃には、ジュネヴァは「レペルブラド lepelblad」、つまり「トモシリソウ」というハーブと一緒に飲まれるようになった。当時は命取りだった壊血病を予防するためだ。さらに1742年からは、オランダ東インド会社のアムステルダム会館で、1600年代から用いていた「コーレンブランデウェイン korenbrandewijn」（コーン・ワイン）に代わってジュネヴァを注文するようになった。ジュネヴァに使われているジュニパー・ベリーが健康によいと考えられたからだった。下ること１８６３年になっても、一定量のジュネヴァは「効果的な医薬品」だとする医師がいた。
オランダ東インド会社の進出先には、現地での定住と平和維持を援助するため、オランダ軍も駐屯した。『はかない夢――植民地時代のオランダ文学選集 *Fugitive Dreams: An Anthology of Dutch Colonial Literature*』（１９９８年）には、19世紀になっても軍ではジュネヴァが必需品だったことを裏付ける文章が出てくる。

飲酒はオランダの軍当局が公式に認めていた。イギリスも認めていたが、オランダ軍のほうがはるかに気前よく配給していた。新兵はハルデルウェイクの兵舎に宿営すると、すぐに「ジュネヴァ」――ダッチ・ジンの支給を受けた。兵士たちは、海上でも酒が飲めた。

１８６４年に出た通達では、チャーター船の船内で以下のようにジンを配るよう明記している。「ヨーロッパ人、アフリカ人、アンボン人の下士官と兵士、ヨーロッパ人女性については、午前に０・０７５オランダ・カン（kan）のジュネヴァ、午後に０・０７５カンのジュネヴァ、夕刻に０・０７５カンのジュネヴァ」。１「カン kan」は約1リットルなので、これによれば4分の1カップの支給が毎日３回あったことになる。
１８８０年代のスマトラ島のアチェでは、軍曹などの下士官が整列した兵士たちの列に沿って歩きながら、緑色の四角いボトルに入ったジンをグラスに注いだ。グラスを渡された兵士は一息で飲みほし、空になったグラスを隣の兵士へ渡さねばならなかった。

また、『はかない夢』によると、ジュネヴァの独創的な異名がいくつも生まれたという。たとえば、「大昔に到着した人」という意味のマレー語から生まれた「オルラム oorlam」「オウムのスープ papegaaiensoep」「ばか dikkop」「ホッピング・ウォーター huppelwater」「海水 zeewater」「まっすぐ上下に recht op en neer」「ひとくちの豆のスープ hap snert」などがあった。

同書には、オランダ人は自身のジュネヴァ好きを少しばかり深刻に考えすぎだったのではないか、とも言えそうな文章も出てくる。

インドネシアの人々にとって、泥酔（マボク mabok）とはオランダ人の代名詞だった。現地の女性も、自分の主人が非番のあいだずっと「マボク」でなく、「四角い無骨者」（ジュネヴァのボトル）が何よりの好物でないとしたら、自分は運がいいと考えていたほどだった。

オランダ東インド会社はスパイスをオランダへ送り届ける一方で、ジュネヴァを遠くアジアや西アフリカまで広めた。同社は1799年についに破産して廃業したが、オランダ人起業家たちがジュネヴァの出荷を引き継ぎ、オランダの植民地だけでなく、イギリスやフランス、南北アメリカにも輸出するようになった。

◉シルヴィウス博士の神話

17世紀はオランダにとって黄金時代だった。オランダ東インド会社が地球の裏側まで行って植民地を建設する一方、レンブラントなどの画家がアムステルダムを描いていた。また、芸術と貿易に加え、医学の発展も見られた。そしてまさにこの時代に、フランシスクス・シルヴィウス博士が登場する。1658年から1672年にかけ、ライデン大学でジュニパー風味の強壮剤をつくっていた人物だ。ただし、この名医が「ダッチ・ジンの父」だと言うのはまったくの誤りである。たしかに、シルヴィウス博士はジュネヴァを腎臓病の薬として処方したり、東インド諸島のオランダ人入植者を襲った熱帯性熱病の治療薬として出したりしていたが、本当に開発したのは博士ではない。多くの歴史書や文書がシルヴィウス博士をそうした重要人物として記述してきた事実があるだけに、本書ではそうした神話の誤りをていねいに正していこう。

ベルギーのハッセルトにある国立ジュネヴァ博物館も、ジュネヴァは13世紀にフランドルの低地地方で生まれたと明言している。この主張を裏づけているのが『ラーヘ・ランデン（低地地域）のジュネヴァ』（1996年）の注釈で、それによると、著者のエリック・ファン・スクーネンベルグがシルヴィウス博士の神話を徹底的に分析したところ、年代のつじつまが合わないという。また1992年には、オランダで最初にジュネヴァを製造した大手メーカーのボルス社で司書だった人物も、ファン・スクーネンベルグの出した結論に同意するスピーチをしている。

シルヴィウス博士が生まれた1614年には、コーン・ブランデー（コーレンブランデウェイン korenbrandewijn）はすでにそう呼ばれており、この名称で課税されていた。じつはコーン・ブランデーは1608年から存在していたのだ。もちろん、コーン・ブランデーは穀類からつくられた酒であるから、これをジュネヴァにするには、ジュニパー・ベリーを加えてふたたび蒸溜するだけでよい（ジュニパーの成分を浸出させたブランデーということなら、すでにヘルマンニの『コンステリイク蒸溜書』に書かれていたことを思い出してもらいたい）。シルヴィウスはライデン大学で教授になる以前、1655年から1656年まで医師としてペストの治療にあたっており、その時期にジュニパーをベースとする万能薬を用いていた可能性がある。しかし、そうした万能薬は、14世紀のペストの大流行以来どころか、それ以前から使われていた。しかもシルヴィウスがライデン大学の教授だった14年間に残した研究や文書を調べてもジュネヴァに言及したものはまったくない。シルヴィウス以外の人物が書いたある論文の中で、蒸溜関連の専門知識のために1度だけ、博士のことが引き合いに出されているにすぎない。

シルヴィウスが生まれる以前にジュネヴァの下地がすでにつくられていたことを示す証拠はまだある。たとえば1609年に『貴婦人の喜び――その容姿、テーブル、クローゼット、蒸溜器を、美しきもの、ごちそう、香水、水で装飾するために *Delightes for ladies: to adorn their persons, tables, closets, and distillatories with beauties, banquets, perfumes, and waters*』という仰々しい書名の中世イングランドの料理書が刊行されているが、著者のサー・ヒュー・プラットは「スパイスのスピリッツ」について、

「クローヴ、メース、ナツメグ、ジュニパー、ローズマリーなどのオイルを浸出させた強く甘い水を……とろ火で蒸溜する」と述べている。まるで現代のジンの製法を読んでいるかのようだ。また、フランスのアンリ4世の息子モレ伯爵も、この頃にジュニパー風味のワインをつくる方法を完成させている。

そして1623年、シルヴィウスがまだ9歳の子供だったとき、嗜好品としてのジュネヴァについて書かれた印刷物としては最初ではないかと思われるものが現れている。これは、ジュネヴァが当時すでにこの世に存在していたことを明らかに示している資料だ。イギリスの劇作家フィリップ・マッシンジャーによるジャコビアン時代［ジェームズ1世の治世期間である1603～1625年を指す］の悲劇『ミラノの公爵 *The Duke of Milan*』の第1幕第1場で、グラッチョという登場人物が「ジュネヴァ・スピリッツ」について語っているのである。ちなみに、著者のマッシンジャーがイングランド人だったことは興味深い。この頃には、ロンドンはすでに6000人のフランドル人のプロテスタントを受け入れていた。彼らは1570年にアントウェルペン（アントワープ）から逃げてきた人々で、この人たちがジュネヴァつまり「ジュネヴァ・スピリッツ」の愛好も持ちこんだのは明らかだ。

●ジュネヴァ製造の発展

ネーデルラントでジュネヴァが普及するまでには時間がかかった。前述のとおり、後にベルギーとなる地域では、アルブレヒト大公が1601年にグレーンブランデーの製造と販売を禁じる勅令を発してから、多くのフランドル人蒸溜業者が生活のために国外へ逃げ、この飲料はすたれてしまった。ただし、1795年までリエージュの領主司教の領地内にあったハッセルトだけは、アルブレヒト大公の勅令を回避できる唯一の都市だった。ここでだけはジュネヴァの製造が続き、オランダ人の駐屯軍に占領されていた1675年から1681年にかけては、ハッセルトのジュネヴァの製造量は爆発的に増加した。こうした歴史もあり、今ではハッセルトのジュネヴァは、ベルギーのどこよりも多様な風味になっている。

1713年から1794年までのオーストリア人に支配されていた時期には、穀類をベースにしたグレーンブランデーの蒸溜が南部でまた奨励されるようになったが、これはブランデーというよりも、醱酵させたマッシュ［原料となる穀類を蒸煮《じょうしゃ》し、麦芽中の酵素を利用して穀類に含まれるデンプンを糖に変化させたもの］を蒸溜したあとの残留物（オランダ語で「ドラフ draf」）のほうが目的だった。このドラフは、家畜の肥育に使われた。そしてグレーンブランデーのほうは、ジュニパーで風味づけしないままのことが多かったが、おおざっぱであまり正確ではないにしても、これをジュネヴァと呼んでいた。現在でも、フランドル東部のジュネヴァのなかにはジュニパーを含んでいないものがある。

19世紀になると、ジュネヴァの製造は絶頂期を迎えた。これは産業革命のおかげであり、同時にジャン＝バプティスト・セリエ・ブルメンタールというフランス人の功績だった。1813年、ベルギー国王レオポルドの親友だったセリエ・ブルメンタールは、初の垂直連続式蒸溜塔の特許を取った。レオポルド国王はテンサイの広大な農園を所有しており、19世紀の終わりには、セリエ・ブルメンタールの蒸溜装置を利用して、テンサイからジュネヴァ用の中性アルコールをつくっていた。ただし、こうしてつくられたジュネヴァは、グレーンの豊かな風味を失った粗悪品だった。

これに対し、伝統を守ろうとする蒸溜業者たちは、自分たちの製造するジュネヴァこそ穀類を使った「古来の製法」によってつくられたものだと反撃に出た。しかし残念ながら、農家の営む蒸溜所の多くは、新しい消費税や大規模な専業蒸溜所との競争に耐えられず業界から撤退せざるをえなくなった。結局、大量生産がベルギーのジュネヴァの没落をもたらすことになる。

ベルギーのジュネヴァ製造業者がもがいていたのと対照的に、オランダのジュネヴァ文化の隆盛は目を見張るものがあった。たとえばスヒーダムという都市では、1700年に37か所しかなかった蒸溜所が、1800年には250か所に増えている。

オランダで最古のジュネヴァ製造業者はボルス社であり、同社は歴史的に見てももっとも影響力が大きいメーカーだ。ボルス家はフランドル出身で、もともとはブルシウスという名前だったが、宗教的迫害から逃れてドイツのケルンに移り住んだ。ルーカス・ボルスを長とするボルス家がケルンにいたのは、ちょうどケルン在住のプロテスタントのフランドル人コミュニティが穀類からブランデーを蒸溜しはじめた時期だった。ボルス家はこのグレーンブランデー蒸溜の知識を手にオランダのアムステルダムへと移住し、郊外のまき小屋に蒸溜所を設立して、そこを「ローチェ't Lootsje」

アムステルダムにあるボルス社の蒸溜所。1652年には、創業時の「't Lootsje」（小さな小屋）からこの堂々たる石造りの建物に変わった。ただし、愛着のあるニックネームは残った。

蒸溜器と冷却器の前でポーズをとるボルス社の重役（1904年頃）

（小さな小屋）と名づけた。そして1664年、スピリッツ製造の免許を得てジュネヴァの製造を開始したのである。これは小さからぬ偶然だろうが、1672年には、イギリスのオックスフォード英語辞典に相当する権威を持つオランダのファン・ダーレ社の辞典に、「ジュネヴァ」という項目が初めて記載されている。

ボルス社が成功を収めたのは、オランダ東インド会社とも関係する。オランダ東インド会社の記録によると、1680年から1719年まで、ボルス社はオランダ東インド会社の強力な重役会「17人会」に独占的に「上質な水」を供給していた。この特権が成功のスタートだった。ルーカス・ボルスは1679年からオランダ東インド会社の大株主となっており、その見返りとして、植民地からアムステルダムに運ばれてくるハーブやスパイスを優先的に手にすることができるようになっていたのである。1820年になると、ボルス社はジュネヴァの革命的なオリジナルレシピを導入した。これらのエキゾチックなハーブやスパイスが大きな役割をはたしたに違いない。

ボルス家はこの後にジュネヴァの蒸溜所がいくつも出現するきっかけとなった。1695年創業のデカイパー社も、1729年にジュネヴァの製造をはじめた。19世紀になる頃には、同社はイギリスとイギリスの植民地向けの輸出に専念していた。ほかにもルッテ社などの企業がこの動きに追随した。

19世紀には、オランダはもちろんベルギーでも、ジュネヴァの消費量は控えめに言っても驚異的と言わざるをえないほどになった。ミハエル・ウィントルの『オランダの経済と社会の歴史——

禁酒をよびかけるベルギーのポスター。自由人民党（Liberale Volkspartij）が出したもの。1900年代頃。「大酒は悲惨と早死にをもたらす。あらゆる階級の市民よ、酒を控えよ」

1800〜1920 *An Economic and Social History of the Netherlands, 1800-1920*』（2000年）によれば、1830年代初頭だけでも、アルコール度数50パーセントの酒を毎年ひとり当たり約10リットルも飲んでいたという。この数字はベルギーでも同様で、案の定、このふたつの国で禁酒運動がはじまった。

これに関連して、オランダとベルギーのジュネヴァは宣伝広告活動で同じような妨害を受けている。ベルギーではジュネヴァは「貧乏人の酒」と呼ばれるようになり、大きくイメージダウンした。オランダでも、ジュネヴァは単純労働者がよく飲む酒だったことから、自由主義的な政治家サミュエル・ファン・ハウテン（1837〜1930）が、単純労働者のことを「ジュネヴァ愛飲階級」と蔑称《べっしょう》した。だがこのような悪口雑言にもかかわらず、オランダのジュネヴァはこうした否定的イメージを振り払うことに成功し、イメージダウンはまぬがれている。

18世紀から19世紀にかけて、ジュネヴァはイギリスとアメリカでも大流行した。イギリスでは上流階級がジュネヴァを受け入れ、アメリカでは禁酒法以前のカクテルでジュネヴァが使われた。現在、ジュネヴァはオランダでもベルギーでも、国を代表する酒だとされている。さらに重要なのは、ジュネヴァがジンの「原型」であり、世界を変えたスピリッツとカクテル文化を生み出した酒だと高く評価されていることである。

第3章◉ジン・クレイズ——狂気の時代

酔いたいなら1ペニー
泥酔したいなら2ペニー
酔い覚ましの藁布団は無料提供
——18世紀の酒場の看板

間接的ながら、ジンをイングランドにもちこんだのは、初代レスター伯ロバート・ダドリーだ。ダドリーはプロテスタント運動の強力な支援者であり、1585年にオランダ人がスペイン・ハプスブルク家の支配に対して反旗を翻したときにはイングランド軍をひきいてネーデルラントへ出兵したほどだった。もっとも、部下の兵士たちが装備も技量もすぐれたヨーロッパ最強の軍隊のひとつであるスペイン軍に立ち向かっていたとき、伯爵は快適なネーデルラント駐在を楽しんでいたのだから、大量の脱走兵が出たのは驚くことではなかった。とはいえ、ダドリーは軍の指揮官としては失敗したが、ジンの歴史のうえでは英雄になった。彼のおかげで、イングランド軍の兵士たち

E・ヘームスケルク「ジン好きに対する風刺 *A Satire on Gin-drinking*」(1770年頃/エングレービング)。グロテスク・シリーズのひとつであるこの絵は、ジンを売る者を非難し、ジンの消費者を「動物」として描いている。

がジュネヴァの味を覚えて帰国したからである。その後の三十年戦争（1618〜48年）からイングランド軍が帰還したときも、同じようなことがあった。ただし、今度は兵士たちは脱走せず、ジュネヴァをあおっては戦いにそなえて士気を高めた。このことから、ジュネヴァには「オランダ人の勇気」というあだ名がついた。

◉イングランドの蒸溜所

ダドリーの時代、イングランドの蒸溜所は、スピリッツの風味づけにジュニパーを試しはじめたばかりだった。1570年頃、さまざまな風味の「アクア・ヴィタエ」を専門に売る「ストロング・ウォーター」（蒸溜酒）の店が全国各地に次々とできはじめ、とくにアニスの実で香りづけした酒が大流行した。それは、この先の200年間に出現するドラムショップやジン・パレスと呼ばれる安酒場の流行を予見させるような出来事だった。

1600年には、こうした蒸溜をおこなう「ハウス」がロンドンだけで200もあった。そして1638年、ロンドンのシティに数多くある同業組合「リヴァリ・カンパニー」のひとつ、「蒸溜酒屋の名誉組合」が国王の勅許《ちょっきょ》を受けて法人となり、スピリッツの製造についての規制や管理をおこなうようになった。さらにそのわずか5年後、スピリッツに課税すればかなりの財源になると考えたイギリス議会上院は、輸入品だけでなく国産品にも1ガロン（4・54リットル）あたり8ペンスの税金を課している。

ジョン・フレンチ『蒸溜術 *The Art of Distillation*』(1653年）の木版画挿絵

課税されるようになってもスピリッツの生産は減速しなかったが、「アクア・ヴィタエ」とは何か、という点についてはひとしきり論争が飛び交ったようだ。スピリッツは嗜好品であり、「ストロング・ウォーター」のアルコール度数はビールよりもはるかに強いためすぐに酔っ払ってしまう。しかしその一方、スピリッツは医療用の強壮剤としてもまだ大人気だった。イギリスの内科医ジョン・フレンチは、著書『蒸溜術 *The Art of Distillation*』（1653年）の第2巻で「腎臓の石を予防する優れた水」について述べており、予防のためには押しつぶしたジュニパー・ベリー、「ヴェネツィアの松脂《まつやに》」、湧き水が必要だという。

すぐれた官僚として著名なサミュエル・ピープスがその有名な『日記』のなかで治療薬としてあげているのも、おそらくはこのようなレシピだろう。1663年10月10日、ピープスはこう愚痴をこぼしている。「起きてはみたが、まだ少しも楽にならず、小水をすると痛みがある」。当時ピープスは、症状を改善するには「ジュニパーでつくったストロング・ウォーター」を飲むよう言われていた。

17世紀後半には温かい飲み物が多く輸入されるようになり、蒸溜酒はそれらとの競争に直面することになった。1650年にロンドン初のコーヒーハウスが開店、1657年にはロンドン初のチョコレートハウスもできた。同じ頃、紅茶もロンドンのコーヒーハウスで初めて出されている。だがスピリッツ全般の需要は堅実なままであり、富裕層はオランダのジュネヴァとフランスのブランデーを、庶民は安い粗悪なジンを飲んだ。すでにこの頃、当局が把握しきれないほど大量の低品質のジンが製造されていた。

ジェシカ・ウォーナーの論文「近代初頭のイングランドにおけるビールとジンの受容 *The Naturalization of Beer and Gin in Early Modern England*」(1997年)によれば、この命にかかわるようなジン——本物のジュネヴァとは大違い——が貧しい労働者階級に好まれるようになるには、3つの要因が必要だったという。ひとつは、ビールという国を代表する飲み物よりも手ごろな値段であること。ふたつめには、「味か効能かのどちらかで変化」を提供すること。なお、ここで言う「味」とは「絶対的に目新しい」ということだ。当時の貧困層の食事は、腐った肉、しおれた野菜、ミョウバンとチョークで白く見せかけたパンなどのひどくみじめなものだったからだ。しかも、下層階級は自分たちよりも恵まれている階級——上質のジュネヴァを飲むような人々——のまねをしようとするのが常だった。そして決定的な3つめの要因として、ジンが地元で製造されていること。地元で蒸溜されていれば高い値段にはならないし、品切れすることもない。

1688年は、これら3つの要因がすべてそろった年だった。しかも名誉革命が起きた年――オランダ生まれのオラニエ公ウィレム（英語ではウィリアム）がカトリックでブランデーを好む親フランスの義父、国王ジェームズ2世を王位から引きずり下ろし、自身と妻のメアリー2世が共同でイングランドの王座についた年でもあった。ウィリアムの遺産は広範囲に及んだが、ジンの歴史としては重要なことはひとつしかない。ウィリアムはジンを愛飲したオランダ出身のプロテスタントだった、という事実である。

●ジン・クレイズ

「ブルー・ルーイン（青い破滅）」「レディーズ・ディライト（淑女の喜び）」「カッコルズ・コンフォート（寝取られ男の慰め）」。18世紀に好まれたこの「強壮剤」には無数の異名がつけられていた。イングランドがひとつの飲み物にこれほど魅了されたことはそれまでなかったし、この国の首都ロンドンが1720年から1751年にかけてのロンドンほど酔っ払いだらけになることは今後もないだろう。驚くべきことに、1684年から1710年までのあいだに一般的なビールの生産が12パーセント減少し、ストロングビールも22・5パーセント減少した一方で、ジンの生産は400パーセントも増加したのである。

「ジン・クレイズ（狂気のジン時代）」を1980年代のアメリカで起きたクラックという麻薬

の流行になぞらえる研究者もいる。たしかにどちらも「中毒」で、おもに都市の貧困層の現象だった。しかしジン・クレイズは、ジェシカ・ウォーナーが指摘しているように「近代が初めて経験した薬物への恐怖」であり、中毒の原因と解決策が詳細に検討されたという点で、特別な出来事といってよい。

この狂気の沙汰を理解するには、まずは18世紀のロンドンについて知る必要がある。当時のロンドンは近代の夜明け前の段階であり、まだ本当の近代的な都市にはなっていなかった。移民がおしよせ、多様性がそれまで以上に見られるようになっていたが、そのために人口は過密になり、外国人嫌いも増えていた。一方、労働需要の増大によって賃金は上昇していたので、低い身分の貧困層にもささやかな可処分所得はあり――このあたりは中世とよく似ている――消費への欲望も出てきていた。さらに、ロンドンという都市そのものも工業地域と住宅地域に急激に二分している最中であり、無秩序な都市の肥大化によって治安維持が困難になっていた（当時の警官はボランティアであり、税務局も形骸化した監督機関にすぎなかった）。あらゆるところに階級の分断があり、さまざまな対立が起きていた。富裕層がぜいたくな暮らしにくつろいでいるかと思えば、貧しい労働者は不健康でみじめな生活から抜け出せなかった。

この点では、今の歴史家の多くが「クレイズ（狂気）」の実態について論じはじめたことは重要だ。実のところ、貧困層にはアルコール中毒がたしかに広がっていたが、イングランド人は昔からずっと酒好きだった。ジンがいくら目新しかったとはいえ、「クレイズ」をジンそれ自体のせいにするべきではない。むしろ、貧困がもたらす心身への影響が飲みすぎにつながったと考えるべきだ。ジンは、手に入れやすく非常に安い酒だった。貧しい人々は、自分の手が届くところに慰めを見いだしたにすぎない。

ただしウィリアム王にしてみれば、国民をアルコール中毒にするつもりなどはなかった。長年フランスと敵対していたウィリアム王は、フランス軍の資金源を断ちたいと思っていた。同時に、イギリスが戦争を続けるためには収入源を見つける必要があることも承知していた。

一方、裕福な地主階級からなるイギリス議会では、自分たちがつくりすぎた穀物の出荷先を見つけることが課題となっていた。こうして1689年、フランス産スピリッツの輸入が全面的に禁じられた。翌1690年には、蒸溜法によって蒸溜所が製造を独占している状況が解消され、イギリス産スピリッツに対する税金は上がったものの、だれでもスピリッツをつくれるようになった。1720年の共同抗命法も、世間の動きを助長するような法律だった。スピリッツを製造している市民は自宅を兵員用宿舎に提供しなくてもよいとしたからである。もう考えるまでもない。これらのことがすべて地元でのジンの製造をうながしたのは明らかだ。数字も日付も資料によって少しずつ異なるが、ジンの生産量と消費量の増加については、以下のように大まかに一致している。

1690年頃　イングランド全土で、年に約50万英ガロン（約230万リットル）のジンが製造される。

1694年　ビールに重税がかけられ、ジンのほうが安い酒になる。
1720年　共同抗命法により「蒸溜所」が増えすぎる。
1730年頃　ロンドンのジンショップの店舗数が7000軒以上になる。パブの3軒に1軒がジンを出すようになる。
1733年頃　ロンドンだけで合法的に1100万ガロン（約5000万リットル）のジンが製造される。ひとりあたり年に14ガロン（約64リットル）飲める量。

当時のロンドンの人口が約60万人だったことを考えれば、この時期、ロンドンの住民の4人にひとりが（要するにロンドンの貧困層全員が）完全に錯乱していたのはなぜか、という問題も理解しやすい。

上流階級はこうした庶民の無礼講を喜んではいなかった。一般大衆を相手にする商売人たちがオランダ産ジュネヴァという王宮の上品な酒を取りいれ、その庶民向け類似品を下層階級に提供したために、下層階級が上流階級と平等になったかのような感覚や男女平等の感覚を初めて満喫していたからだ。ドラムショップという安酒場では、男女が並んで酒を飲んでいた。女性が酒場のオーナーになることさえあった。食事代わりに飲め、働くためのエネルギーを与えてくれるビールと違い、この新しいイングランド産ジンは、体によい点は何ひとつなかった。が、ジンで酔っ払えば何もかも忘れられる。それだけでも、既存の社会秩序が目の前で崩れはじめるのをプライドの高い貴族階級に見せつけて震え上がらせるには十分だった。

ある意味では、この狂乱の責任の一端は富裕層にもある。ダニエル・デフォーは著書『蒸溜所の書類かばん *A Brief Case of the Distillers*』（１７２６年）でこう述べている。「結局、（貧困層が）したことは……彼らがそうするよう上の階級が仕向けたことなのではないかとすら思われる」。国王ウィリアムにしても、蒸溜所の独占状態を解消し、どれほど悪徳な業者であろうとだれでもジンの製造ができるようにしたのだから、いくらかの責任はある。

ジンそのものの品質も問題だった。ジュネヴァのモルトのような複雑な味わいは、そのへんの蒸溜業者にはとうてい出せなかった。そこで彼らは、低品質の穀類を使ってニュートラル・スピリッツ［蒸溜を繰り返しおこない、アルコール度数95度以上に濃縮したスピリッツ］をつくり、それにテレピン油、ヴィトリオール油（硫酸）、ミョウバンなどの材料を混ぜた。それだけではない。こうしたまずいジンの味をごまかすため、砂糖、石灰水、ローズウォーターなどの材料も加えていた。

この怪しげな強い酒はアルコール度数が約１６０プルーフ（約91度）もあり、現在の平均約80プルーフ（約46度）と比べると、途方もなく強い酒だった。たしかに、１６０プルーフのスピリッツを１ショット飲んでも死にはしないだろう。しかし残念ながら、18世紀のジン愛飲家はジン・トニックをいつもちびちび飲んでいたのではなかった。密造酒レベルの品質しかない粗悪な蒸溜酒を１日に０・５リットルも飲むこともあった。タンカードというビール用の大ジョッキが、ジンを飲むためのジョッキになっていたのだ。

しかも18世紀には、男性も女性も今ほど体格がよくはなかった。男性の平均身長が約168センチ、女性も約155センチと小柄だった。食事も栄養的に粗末であり、アルコール摂取量とバランスをとるには不十分だった。高いアルコール度数の酒、栄養不足、小柄な体格――飲みすぎるには十分な条件だ。

●犯罪と混乱

酔っ払うこと自体には問題はなかった。17世紀から18世紀には、酒に酔って醜態をさらしても今ほど汚名を着せられるわけではなかった。それどころか、富裕層はしょっちゅう飲みすぎていた。フランス人のセザール・ド・ソシュールの『ジョージ1世とジョージ2世の時代のイングランドに対する外国の見解 *A Foreign View of England in the Reigns of George I and George II*』（1902年）によると、ウィリアム王の死後1702年に即位したアン女王は、「よく『ブティック・ド・オードヴィ』（要するに「ドラムショップ」）と呼ばれていた。というのも、女王の酒好き蒸溜酒好きはつとに有名だったからだ」

富裕層は楽しむために酒を飲んだが、貧困層はみすぼらしい生活を忘れようと酒に酔った。そして飲酒が重大な犯罪につながってしまうことも多かった。イングランドのオールド・ベイリー（刑事裁判所）の記録謄本には、ジンの破滅的影響の記述がたびたび出てくる。さまざまな犯罪者が「ジュネヴァ・ショップ」に入り浸ったり、「ジンを1クォーターン（142ミリリットル）」注文したりするようすに言及している。18世紀のドラムショップのうたい文句「酔いたいなら1ペニー／泥酔したいなら2ペニー／酔い覚ましの藁布団は無料提供」というのが、大衆の消費意欲と酒を提供する側の熱心さを物語っている。

さらに、ジンショップが犯罪の現場となる傾向も見られるようになり、ジンは悪を生む温床だと考える人が多くなった。死刑囚の懺悔や最期の言葉を集めた「教誨師の記録 Ordinary's Accounts」にある記録のひとつは、ベンジャミン・ラヴデイという17歳の男性についてこう語っている。

彼はたえずジュネヴァを飲んでいた。そして小さな店で、最悪の仲間、売春婦、泥棒その他と出会った。そうした人々は彼に与えるべき良い助言を持ってはおらず、なおかつ最悪であった。それが彼の完全な破滅と破壊につながった。彼は自分が極悪非道の放蕩者で、堕落した男だと認めた。

このラヴデイは恐喝で告発された。酔っ払っていたことは認めたものの、無実を訴えた。結局有罪となり、1732年10月9日に処刑された。

また、悪名高いジュディス・デフォーの事件では、被告がみずから進んで罪を認め、その告白のなかで、ジンがどのように女性を破滅させているか、イギリスの子供たちの命を奪っているかを社会運動家たちにとうとうと訴えた。1734年2月27日、デフォーは娘のメアリーを殺害したかどで起訴された。メアリーは絞殺され、裸でドブに遺棄されていた。証言台に立ったジョン・ウルヴァリッジは、デフォーが次のように犯行を告白したと述べた。

日曜日の夜、私たちは子供を野原へ連れていき、服を脱がせ、泣き叫ばないように首に麻のハンカチをきつく巻きつけてからドブに寝かせた。その後、私たちは町に行き、コートとコルセットを1シリングで売り、ペチコートと長靴下を1グロート（4ペンス）で売った。その金を山分けすると、一緒にジン1クォーターンを飲みに行った。

ロンドンのすさんだ裏通りを「ジン熱」が席巻《せっけん》していたように、支配者層も、自分たちの世界の半封建的な現状を維持したいという病的なほどの盲目的欲求にとりつかれていた。政府も富裕層も、禁酒に賛成していたわけではない。ただし、「統制」は望んでいた。酒を統制し、結果的に大衆を統制したいと考えていたのだ。

1729年から1751年にかけ、議会は8本の「ジン取締法」を成立させた。これらの法律は、当時「マザー・ジン」というあだ名までつけられていたジンに課税し、ジン販売者に免許手数料を課し、違法行為の通報者には報奨金を出すというものだった。このうちもっとも悪名高い法律が1736年のジン取締法で、社会運動家でもあったサー・ジョセフ・ジェキルが議会で強引に通過させたものだった（酔っ払いが大嫌いだったジェキルは禁酒運動にとくに熱心だった）。この法律では、ジンの小売りの免許手数料を50ポンドという桁外れの額に値上げし、蒸溜酒の自家製造に対する罰金を新たにもうけ、違法行為の通報者には5ポンドを提供することになった。反対したのはサー・ロバート・ウォルポールである。これでは事態が改善するどころか悪化してしまう、と彼は言った。

この法律が発効する前日、暴徒化した民衆がなけなしの金でジンを買いあさった。1736年9月29日、同法の執行日に「マダム・ジュネヴァの葬列 *The Funeral Procession of Madam Geneva*」と題した版画が販売された。その版画の下のほうには、このような嘆きの詩が書かれていた。

あいつらがスピリッツをかかげるドラムはもうなくなってしまった
貧乏人を慰めてくれるのは安いコーディアル!
この嘆きを追い払うには半ペニーでは足りない
1ペニーで2杯なら上機嫌
1クォーターンあればジョンもドリーも喜ぶのに

人々はこうした「葬儀」をしたり、ジンショップの看板に喪を示す黒い布をかけたりしたほか、嘆きの歌や芝居まで登場した。そうした作品のひとつに、「ジュニパー・ジャック、酒造家の弟子、転じて詩人」なる人物がつくった『ジン女王の退位と死 *The Deposing and Death of Queen Gin*』という

「マダム・ジュネヴァの死の記憶に *To the Mortal Memory of Madam Geneva*」(1736年/エングレービング)。ジン取締法に対して、さまざまな芸術家がジンの規制を風刺的に嘆いた。

「マダム・ジュネヴァの痛ましき昏倒 *The Lamentable Fall of Madam Geneva*」(1736年/エングレービング)

題名の芝居がある。「ジン女王」が「わが友よ、その日が、運命の日が来ました」と言うと、民衆がこう返事をする。「自由、貧困、そしてジンよ、永遠なれ」

悲喜劇のような抗議が続き、ウォルポールの警告が正しかったことがやがて証明された。この法律は守られなかったばかりか、逆に犯罪を助長することになったのだ。たしかにジンの売り上げと消費量は一時的に減少したものの、しばらくすると「パーラメンタリー・ブランデー（議会のブランデー）」という密造酒の売り上げが増加した。蒸溜業者が製品に「メイク・シフト」や「コリック・ウォーター」などの新しい名前をつけて売り出したからである。水薬《すいやく》のびんに密造酒をつめて売っていた化学者までいた。

この頃から、ジンは「オールド・トム」とも呼ばれるようになった。通説では、このあだ名をつけたのは、キャプテン・ダドリー・ブラッドストリートという名前を使って闇でジンを売るようになった元情報屋だったとされている。密造ジンはもうかると見たブラッドストリートは、店を開き、その窓に「オールド・トム・キャット」という雄猫の看板をかけた。看板の下には、硬貨を投入すればジンが出てくる細長い穴があった。客が「プス（猫）」と小声で合言葉を言い、店の中から「ミュー」と猫の鳴き声で返事があればジンが手に入るというものだ。ブラッドストリートの店は最初のスピークイージー（もぐり酒場）だったと言えるだろう。その後、これをまねた店がロンドンじゅうにいくつもできた。

1737年、違法行為の通報者へ与える報奨金をさらに増額する新しいジン取締法ができたが、その結果、密告者が路上で群衆に襲撃されるという事件が多発するようになってしまった。そこで、翌1738年のジン取締法では違法行為通報者に対する襲撃が犯罪とみなされるようになった。1743年および1747年、オーストリア継承戦争に巻き込まれたイングランドは、またもジンを標的にした。ただし、軍の士気にかかわるからではなく、戦費を調達するためだった。

1750年には、免許を受けたジンの小売業者は2万9000軒近くあった。そして、いわゆる社会運動家たちは、何もかもジンが悪いと、あいかわらずジンを非難し続けていた。貧困も、労働力の衰退も、ふしだらな乱交も梅毒の蔓延もすべてジンのせいだという。とりわけひどい言いがかりは、死亡する子供が多すぎるのはジンを飲むからだという根拠のない主張だった。実際には、子供の死は貧しい生活環境と病気がおもな原因だったのである。だが、尊敬を集めていたウスター主教アイザック・マドックスも、明確な証拠がないにもかかわらず、ジンがイングランドの赤ん坊を、つまりは未来の兵士と労働者を事実上殺している、とまで発言した。

小説『トム・ジョーンズ』の著者であり、ウェストミンスターの治安判事やウェストミンスター四季裁判所の裁判官も務めたヘンリー・フィールディングも、マドックスと同意見だった。『昨今の強盗の増加の原因について *An Enquiry into the Causes of the Late Increase of Robbers*』（1751年）のなかでフィールディングは、「あのジンという毒」のせいで犯罪が増加したと非難し、こう訴えている。

（ジンは）この大都会に暮らす10万人以上の人々が生命を維持する――こう呼んでもかまわないのであれば――主要な食物となっている。哀れな人々の多くは、この毒を一日のうちに何パイントも飲む。その恐ろしい効き目を私は残念ながら毎日目にし、そのにおいもかいでいる。

そして、フィールディングはこう結論した。「もしこの毒の摂取がこれからも続けば、20年もすればそれを飲もうとする庶民がそもそもほとんどいなくなってしまうだろう」。フィールディングは、ジンの消費が地方にまで広がることも懸念していた。ロンドンで大流行すればたちまち全国に広がってしまう、と予想していたのだ。

画家のウィリアム・ホガースもこうしたジンに対する戦いに参戦し、友人のフィールディングが前述の『昨今の強盗の増加の原因について』を出版するわずか1か月前に、「風刺版画」2点を制作した。彼の版画『ジン横丁』と『ビール街』は、当時ジンとビールがどのように見られていたかを生々しく今に伝えてくれる。『ビール街』では、栄養十分で肥えた陽気な市民がビールのジョッキを手に、浮かれ騒ぐようすが好意的に描かれている。この場面についてホガースはこう言っている。「何もかもが楽しげで繁栄している。産業と陽気は手に手を取って進む」

ウィリアム・ホガース「ビール街」（1751年／エングレービング）

対照的に、『ジン横丁』に恐ろしげに描かれているのは、梅毒におかされた酔っ払いの母親が、わが子が階段から落ちかけているのにも気づかずにいる場面であり、やせ衰えた人々がけだるそうにジンに慰めを求めている光景だ。ホガースによれば、彼がこの絵で伝えたいのは、ジンにおぼれた人々には「怠惰、貧困、悲惨、苦痛といった、狂気や死すらもたらすものしかない」ということだという。

この2点の版画には、ホガースの友人だった聖職者のジェームズ・タウンリーがつくった詩も添えられている。『ビール街』については、ビールは「わが島の喜ばしい産物、強靭な力を与えることができる」ものだとタウンリーは言う。逆に『ジン横丁』に添えられた痛烈な詩では、社会運動家に共通する見解を反映してこう非難している。

ジン。呪うべき悪魔。
狂暴きわまりなく、人類を餌食にする。
ひどく飲めばそれは体に侵入し、
いつのまにか命を奪う。

絵と詩の組み合わせで、作者の意図は多くの人々に効果的に伝わった。1751年6月、最後のジン取締法がすんなりと成立する。それまでのジン取締法は、紳士気取りやご都合主義的な課税と

ウィリアム・ホガース「ジン横丁」(1751年／エングレービング)

「マダム・ジュネヴァの葬列 *The Funeral Procession of Madam Geneva*」。ロンドンのセント・ジャイルズでおこなわれた葬列のまねごと（1751年／エングレービング）。

いう汚点がすけて見えるものだったが、1751年の法律は、犯罪に対する市民の懸念を背景としていた。犯罪の原因（ジン）を取り除けば犯罪そのものも消えてなくなる、という考え方だ。スピリッツへの消費税が50パーセント以上引き上げられ、蒸溜業者や街頭の商人は販売ができなくなった。「マザー・ジン」が生き延びる可能性はついえた。

皮肉なことに、この法律は遅すぎた。ジンの消費はすでに減りはじめていたのだ。ジンはもう目新しいものではなくなったということもあるだろうが、それ以上に、18世紀後半の賃金の深刻な下落が響いたと思われる。またこの頃には、イギリス海軍の下士官が17世紀の終わりから愛飲してきた酒——ラム酒の知名度が上がっていた。加えて、ビール業界もポーターという新製品で反撃に出ていた。1722年頃に誕生したポーターは、苦くて濃厚な強い黒ビールだ。長期間の熟成が必要となるが、気温が高くてもつくることができる。ポーターという名は、最初にロンドンのポーター（運搬作業員）のあいだで人気が出たことから付けられた。

１７５６年、イギリスは大規模な不作に見舞われ、議会は国産穀物をスピリッツ蒸溜に使うことを禁じた。１７６０年から18世紀末まで、政府はスピリッツに税金をかけつづけたが、結局この課税は密輸を助長しただけだった。ジンはもう民衆をとりこにする酒ではなくなったが、産業革命前夜、マダム・ジュネヴァがロンドンの街をふたたび歩き回ることになる。

第4章◉進化——ロンドン・ドライの誕生

おばさんにとっちゃ、ジンはかあちゃんのおっぱいなんだよ。
——ジョージ・バーナード・ショー『ピグマリオン』

歴史的には、「イギリス」という言葉と「帝国」という言葉は同義語だ。ことわざにもあるとおり、大英帝国が「太陽の沈まぬ国」だった時代があった。そして帝国の出現と同時に、ジンの消費のカギとなる要素もふたつ登場した。兵士がアルコールの助けを必要とする軍隊と、祖国を離れていても故郷の礼儀作法を再現したいと思うイギリス人の一団だ。

◉海軍とジン

イギリスはつねに海軍国だった。征服と発見をいつも貪欲に求めていた。「ネイヴィー・ロイヤル」(王立の海軍)が生まれたのは、16世紀のヘンリー8世の治世である。海軍では栄養に富むビールが糧食として供給されることが伝統であり、必要なことでもあった。兵士の職務はひどく骨が折れるうえ、ものすごく単調だったからだ。アルコールがあれば、全員がよい気分でいられた。

18世紀になるとネイヴィー・ロイヤルが「ロイヤル・ネイヴィー」（王立海軍）となり、なかば民営だった軍が完全に国家の管理下に置かれるようになった。これにより軍組織内での出世を目指す将校たちが現れ、そうした将校たちの登場によって、特権ばかりか、アルコールにもとづいた船上での独特の階級構造が出現した。水兵はラム酒を飲むが将校になればジンを飲むことができる、というものだ。

18世紀には、操舵手《そうだしゅ》がそれぞれの船の糧食供給を管理していた。中央の監督権限は、あったとしても最小限だった。それぞれの船が地元の港のジンを積みこむこともよくあった。たとえば海軍の拠点港だったブリストルとリヴァプールには独自のスタイルのジンがあった（現在は両方ともすたれている）。ロンドンでは、1769年にアレクサンダー・ゴードンが創業したゴードン社の蒸溜所がたちまち海軍の船や商船のあいだで有名になり、その乗組員がゴードン社のジンを世界中に広めた。

1850年には、ロンドンではなく港湾都市プリマスで製造された「プリマス・ジン」が、特注生産の100UKプルーフ（アルコール度数57パーセント）のジンを年に1000バレル以上ロイヤル・ネイヴィーに供給していた。この力強い「ネイヴァル・ストレングス（海軍力）」ジンのコンセプトが生まれたのには、もっともな理由がある。もともとアルコールと火薬は、乗組員が酔っ払ったり小火器を簡単に手にしたりしないようにするため、同じ場所に厳重に保管されていた。

おもに禁酒法時代以前のプリマス・ジンのボトルのコレクション（1900～1910年頃）。青いキャップのボトルは1970年代のもの。修道士の足が乾いたら新しいボトルを用意する時期だ、と言われていた。ロゴは2006年に変更された。

しかし同じ場所に保管することには深刻なリスクもあった。もし標準的なアルコール度数の酒が漏れ出て火薬にかかったら、その火薬はもう着火せず使い物にならない。１００ＵＫプルーフのジンを苦労してつくったのは、たとえ火薬の上にこぼれたとしても、水よりアルコールのほうを多く含むため、悪影響を及ぼさないからだった。

　またジンには、さまざまな治療薬のまずい味をごまかせるという長所もあった。たとえば１８２４年にＪ・Ｇ・ジーゲルト博士が生み出したアンゴスチュラ・ビターズは、「消化器の衰弱や不調、マラリア、疝痛《せんつう》、下痢、風邪などのあらゆる症状に効く治療薬」とされていた。しかし海軍では、これは船酔いの薬だった。そしてジンとビターズ［薬草、香草、香辛料などをスピリッツに漬け、その成分を浸出させてつくった強い苦味と芳香のあるリキュール］を混ぜた「ジン・アンド・ビターズ」が、ビターズという薬酒《やくしゅ》のぴりぴりする刺激を緩和する飲み方として生まれた。

　イギリス領だったマレーシアで「ジン・パヒット Gin Pahit」つまり「苦いジン」と呼ばれていたジン・アンド・ビターズには、すぐに「ピンク・ジン」という妙な名前がつけられた。ビターズの色から来るピンクがかった茶色をしているからだ。この名前を気に入ったのがサマセット・モームやグレアム・グリーンなどの作家たちで、彼らはこの酒をイギリスの植民地主義の象徴だと考えた。19世紀末にはピンク・ジンはロンドンへ逆輸入され、バーやクラブでも出されるようになった。今でも「ピンカーズ」という愛称で呼ばれることもある、まさにイギリス的な酒だ。

　このほか船上では、食事のビタミンC不足が原因の壊血病も深刻な問題だった。そこで1614年、イギリス東インド会社の医務長官だったジョン・ウッドールが壊血病対策としてレモンとライムとオレンジを勧めた。実際、柑橘類が船上の食卓に出されるようになると壊血病の深刻な症状は現れなくなった。エドワード・ヴァーノン提督の配下だったある乗組員は、この有名な例である。彼は毎日グロッグ酒（ラム酒を水で割り、そこに柑橘類を加えて水の臭さや嫌な味を消したもの）を「トット」（1杯）だけ楽しんだという。

　壊血病の予防と治療に役立つものはほかにも数多くあり、たとえば塩分の少ない食事や酢も当時は一般的だったが、柑橘類が壊血病対策として効果をあげつづけたことから、海軍の軍医だったジェームズ・リンドが1747年に世界で初めて臨床試験をおこなって柑橘類の効果を確認、立証した。そして海軍省は1795年に、レモンジュースを海軍に供給するようにという医学界の勧告を受け入れている。実際に配られたのがレモンではなくライムだったのは、ライムがイギリス領西インド諸島で豊富にとれたからであり、イギリスがレモンの産地の国々と戦争中だったことが多かったためでもある。なお、イギリスの水兵のあだ名が「ライミー」であるのは、海軍でライムが広く利用されたことを由来とする。

●ギムレットの誕生

こうしたことすべてが、ギムレットのはじまりだった。ギムレットは正統派のクラシックなジンベースのカクテルで、ジュニパー風味のスピリッツと加糖したライム・ジュースだけでつくる。このライム・ジュースは一般にコーディアルと呼ばれているもので、普通はローズ社製のライム・コーディアルという特定のブランドを使う。おそらく海軍の兵士たちは、糧食として配られるライムとジンを合わせることをすでに考えだしていたが、それは本物のクラシックなギムレットとはまったく別物だった。ギムレットのピリッと舌を刺すような風味は、カクテルのなかでも独特だ。ローズ社のライム・コーディアルがなければ、ギムレットは生まれなかったに違いないと言ってもよい。

1867年にラフリン・ローズが特許を得たこのライム・ジュースは、加糖してある保存可能なノンアルコールのミキサー［酒を割って飲むための炭酸水や果汁など］で、海軍にとっては、味は言うまでもなく、費用対効果の点でも好ましかった。また、ライム・ジュースは禁酒に本気で取り組みはじめた民間での市場開拓にも成功した。これ以前、柑橘類の保存には、煮たり、アルコールを

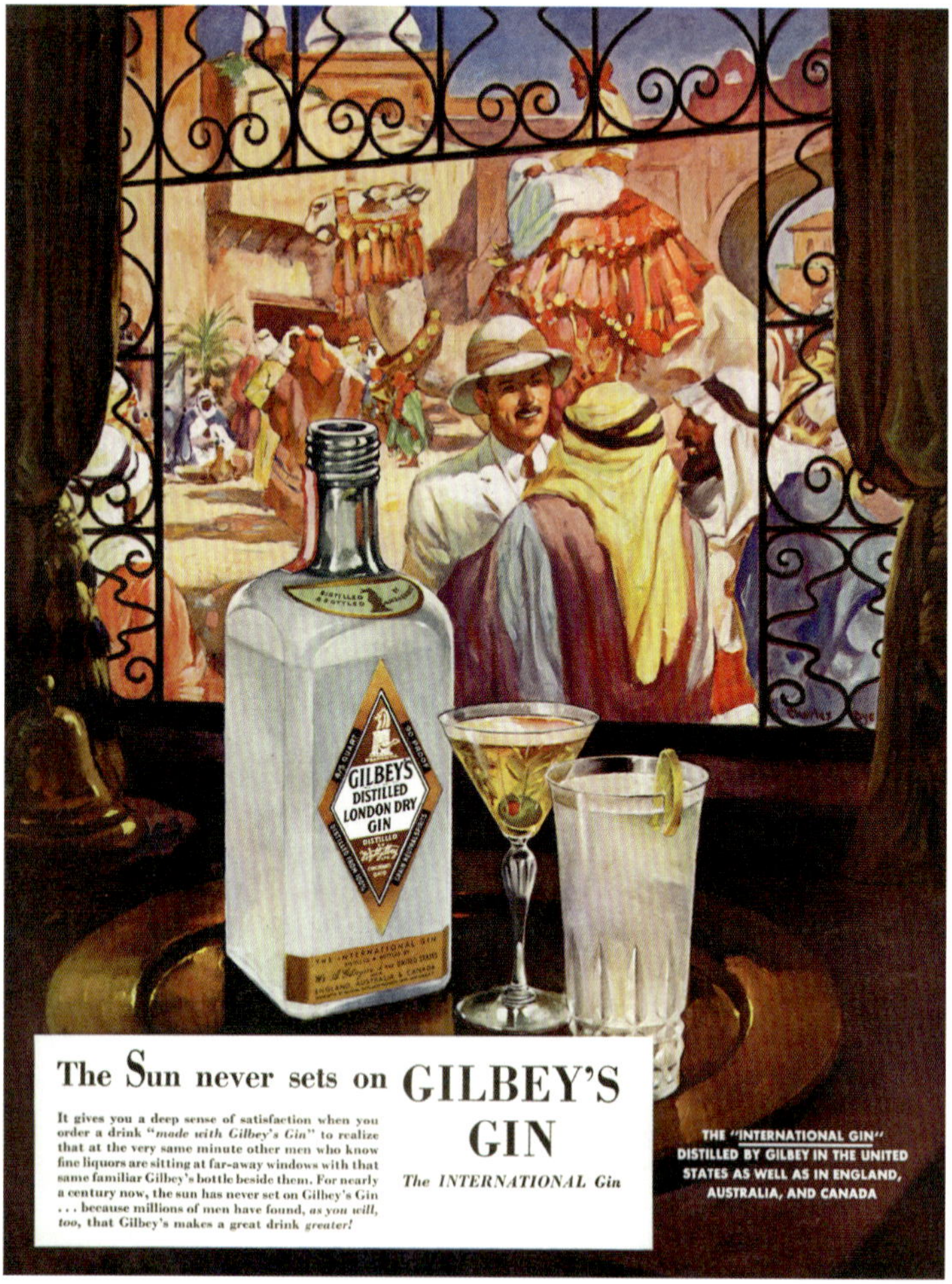

ギルビージンの宣伝ポスター「国際的なジン The International Gin」(1935年)。絵と文字で大英帝国のコンセプトに言及している。

加えたり、酒石酸《しゆせきさん》のような化学物質を用いたりしており、その保存の有効性もまちまちだった。1850年に出た『ミス・レスリーによる淑女のための新しいレシピ *Miss Leslie's Lady's New Receipt-Book*』では、「旅行用にレモン・ジュースを保存」するために酒石英《しゆせきえい》を用いている。また、最高品質の新鮮なレモンだけを使うようにと勧めている。なぜなら「傷んでいるレモンがひとつ混じっているだけで全部が腐ってしまう」からだという。ローズ社製のコーディアルは、安全に製造されたジュースというだけでなく、保存料として義務づけられていた15パーセントのアルコールも使っていなかった。

ライム・コーディアルが軍艦や商船で採用されるようになった経緯については諸説ある。カクテルの歴史を研究しているデイヴィッド・ワンドリッチによると、ライム・コーディアルが将校に気に入られたのは、健康によさそうに見えたからであり、ぜいたくのしるしとして自分たちを水兵と差別化するのに役立つと思ったからだったという。さかのぼることリンドの時代に、海軍でライム・ジュースと一緒に同量の砂糖が支給されていたのかどうかはわからない。もしそうなら、海軍はローズ社のライム・コーディアルのような商品の原型をつくったということになる。いずれにせよ、このライム・コーディアルが、1867年の商船法で定められた良質のライム・ジュースに対する需要の増加を満たすようになった。

異論も数々あるが、イギリスのロイヤル・ネイヴィーによれば、ギムレット（Gimlet）という名前は、海軍の軍医総監を1879年から1913年まで務めたサー・トマス・D・ギムレット（Sir Thomas D. Gimlette）に由来するという。海軍の俗語辞典である『カヴィ・クランプ *Covey Crump*』

を見ると「ギムレットGimlette」という項目があり、「ライム・コーディアルを混ぜたジン」となっている。仲間の将校にライム・ジュースを飲むよう勧めたいと思っていたこの名医が、この飲み物を導入したのだという。ただし、ギムレット医師の1943年の死亡記事はこの有名な酒にまったく言及しておらず、くだんのコーディアルがローズ社の製品だと明記されてもいない。さらにわかりにくいが、別の資料によれば、ギムレット（Gimlet）とは船に積んだスピリッツの樽を開けるために使う先端のとがったコルク栓抜きだという。

いずれにせよ、ギムレット（Gimlet）という名前は、『提督――アメリカ海軍アルバート・グリーヴス回想録 *The Admiral: The Memoirs of Albert Gleaves, USN*』に出てくる。このなかで著者は、1920年に中国を旅していたとき、「あるクラブで、ギムレットという新しい飲み物が出てきた。ジンとライム・ジュースと水でできたまろやかな酒だ」と語っている。ギムレットのレシピが活字で初めて登場するのは、ハリー・マッケルホーンの1927年のカクテルブック『バーの常連客とカクテル *Barflies and Cocktails*』だ。そのレシピによると、コーツ・プリマス・ジンとローズ社製ライム・コーディアルを1対1の割合で混ぜるが、このカクテルは「海軍で非常に人気がある飲み物」なのだという。その後、この割合がさまざまに変わったり、レシピに別の材料が加えられたりもした。たとえばチャールズ・H・ベイカー・Jrの『ジガー、ビーカー、そしてグラス *Jigger, Beaker, and Glass*』（1939年）では、ティースプーン1杯分のガム・シロップか砂糖を加えてライム・コーディアルのピリッとする刺激をやわらげてはどうかと提言している。そうすれば口当たりのやわらかなギムレットになるという。現在ではウオッカ・ギムレットのほうが多いので、ジンのギムレットを注文したいときにははっきりとそう伝える必要がある。いずれにせよ、ローズ社の甘酸っぱい古風なライム・コーディアルのファンに言わせれば、ローズ社のライム・コーディアルとジンを使ってつくったギムレットだけが、本物のギムレットなのだという。

海軍は「ジンの薬効」を取り入れるための独創的な方法としてジンを用い続け、ジンをめぐって飲酒文化が生まれた。船がドックに入ると緑と白の旗をあげ、港にいる将校たちに向けて「乗船して一杯やろう」という招待の合図を送ったのもそのひとつだ。このいわゆる「ジン・ペナント」は今もまだ存在する。

ロイヤル・ネイヴィー同様、イギリス東インド会社の兵士たちもジンを活用した。当時、航海中は壊血病が致命的な病気だったが、上陸してからはマラリアが命取りになりかねない脅威だった。公認されているマラリアの特効薬は、キナノキの樹皮からとれるキニーネだ。ただし、キニーネは嫌な味がする。兵士たちは、キニーネを飲みやすくしようと、水で割って砂糖とライムを混ぜた。そしてまもなく、ジンも加えるようになった。どこかで聞いたような話と思われるかもしれないが、そのとおり、これがイギリスの典型的なジンの飲み方、ジン・トニックの原型だ。

1858年には「インディアン・トニック・ウォーター」が登場し、複雑な調合が簡単になった。そして1870年、シュウェップス社が独自のトニックウォーターを発売する。このトニックウォーターは、現代のジン・トニックには欠かせないと多くの人が認めているものだ。

ジン・トニックにしてもピンク・ジンやギムレットにしても、もとはと言えば故郷イギリスから遠く離れた地で生まれ、改良されてきたものだ。そして、インドなどの国外から帰国した人々が、こうした酒の味もイギリスに持ち帰ったのである。

●ジン・パレス

大英帝国が世界地図を書き換えていた時代は、産業革命がイギリスの様相と構造を一変させていた時代でもあった。この新たに工業化された社会は、さまざまな問題も見返りもたらした。工場が次々と建設されて労働者がふたたび都市へひきよせられ、ロンドンの人口は激増した。ピーター・カニンガムの『ロンドン・ハンドブック *Hand-book of London*』（1850年）によると、1801年に86万4854人だったロンドンの人口は、1841年には187万1227人になっている。都市の膨張は、同時に社会福祉の問題を表面化させた。たとえば1831年と1848年のコレラの大流行はそうした問題を明らかにした出来事であり、これをきっかけに公衆衛生面で大きな改革が見られた。また、当時のイギリスは自由貿易体制の確立期であり、以前よりは食べ物が安価に入手できるようになっていた。貧困が根絶されたわけではなかったものの、イングランド史上初めての貧困対策がとられた。その一方、強力な労働者階級が出現し、旧来の考え方に異議を申し立てるようになった。既存の社会秩序の大幅な改造が進行する時代に突入したのである。

科学技術全般の進歩は都市の風景も変えはじめた。工作機械を使えば、装飾的な家具や備品を低

トマス・ローランドソン「低木林のラム好きたち *Rum Characters in a Shrubbery*」（1808年／エッチングに手彩色）。ジン・パレス以前のジンショップの一例。左側の樽に「ブース社の最高のジン」とステンシルで刷られている。

コストで製作することも可能になった。1807年にはフレデリック・アルバート・ウィンザーがペルメル街にガス灯を設置、18世紀の薄暗いオイルランプに代わって街路を明るく照らすようになった。また、ヨーロッパでガラスの新しい製法が開発されると平凡な建築物にもガラスが使われるようになり、1832年にチャンス兄弟が板ガラスを開発してからは、大きな窓ガラスを何枚も合わせてはめることができるようになった。

ジン・パレスという安酒場が魅力的な「舞台」となり、下層階級にとってわが家同然にくつろげる場所となったのも、こうしたイノベーションの力によるところが大きかった。1836年、チャールズ・ディケンズは『ボズのスケッチ』〔藤岡啓介訳／未知谷／2013年〕のなかでロンドンの街の日常をくわしくつづり、この楽しい集いの場について率直に描写している。

光まばゆい燦爛《さんらん》たる世界だ。……入り口の階段の手すりは幻想的に飾り立てられ、照明つきの時計、ガラスの入った窓がぱっと目を打つ。窓枠のばらの花飾りはスタッコ仕上げだ。ガス燈が無数にあって、その火口《ほくち》は金めっきしてある。たった今抜け出てきた貧民窟の暗さ、汚さにも驚くが、このジンショップのど派手な飾りも驚きだ。建物の中は外観よりもいっそうと煌《きら》びやかだ。フレンチ仕上げの、優雅な彫刻のついたマホガニーのカウンターが、ぱっと、部屋いっぱいに伸びている。部屋の両側に、緑と金で塗りたてた大きな酒樽が並べられ、軽そうな真鍮の柵で囲いがついている。〔藤岡啓介訳〕

こうしたきらびやかな店の元祖は、1829年の終わりか1830年初めに開店したホルボーン・ヒルのトンプソン&フィアロンズらしい。建築家のジョン・B・パップワースが設計したフィーロンズが、その後のジン・パレスのモデルとなった。壁のない広々とした空間、長いカウンター、椅子席なし、などの要素はどれも、活発に客が出入りすることと結びついていた。さらに重要なのは、ピーター・ヘイドンが『イギリス酔っ払いの歴史 *An Inebriated History of Britain*』（2005年）で指摘しているように、愛想のよい主人が疲れてやってきた旅行客をもてなすという従来の酒場の役割が、物品の単純な交換が目的の取引関係に変わったということだ。

皮肉なことだが、ジンがまた流行しないようにするための1830年のビール法も、逆にジン・パレスの拡大を助長することになった。当時のイングランドには、パブのオーナーは特定の醸造所からビールを仕入れなければならないという「タイド（特約）」制度があった。ビール法はこの擬似独占を解消し、わずかな手数料で免許を取得すればだれでもビールを売れるようにするものだった。そのため8年間で全国に4万5000軒のビールショップが現れた。ジンの蒸溜所が反撃するには、たっぷりのビールに匹敵する「誘惑」に頼るしかなかった。

ディケンズの言うように、ジン・パレスはまさに「誘惑」そのものだった。「谷のクリーム The Cream of the Valley」「正真正銘 The Out and Out」「間違いなし The No Mistake」といったいかにも気をそそられるような名前の酒が並んでいる場所の魅力にあらがうのはむずかしい。ジン・パレスの魅惑的かつ陽気なようすもイメージ向上に大いに役立ち、飲酒は嫌なことを忘れてしまうための

19世紀後半の典型的なジン・パレスを描いたエッチング。「谷のクリーム *The Cream of the Valley*」とある樽の隣に「オールド・トム」がある。

方法というだけでなく、社交のための娯楽であるという考え方が徐々にできあがっていった。

◉オールド・トムからロンドン・ドライへ

ジン・クレイズの時代、アルコールは味わうための酒というよりも、酔っ払うための単なる手段だった。だが19世紀の初めに、これがすっかり変わる。産業革命が生活のあらゆる面に影響を与え、ジンの製造に関連するすべてのことにも影響したのはたしかだといっても過言ではない。

ジン・クレイズが終息しても、１７５７年から１７６０年までは凶作が続いたため、イギリスは穀類の蒸溜を禁止した。当然ジンの消費は減り、国民の健康状態も向上したが、それもつかの間のことだった。１７６０年には蒸溜が解禁され、ジンはふたたび大衆の人気を集めた。ただし、新しい規制のおかげで命取りになるほどひどい事態にはならなかった。議会としては、消費税を上げ、厳しい品質管理を設定すれば、ジンが以前のような殺人スピリッツになることはないだろう、販売価格が上がれば品質もそれに見合うよう向上させねばならないはずだ、と考えたのである。

この頃には、ブラッドストリートの「オールド・トム」はすでにジンの代名詞になっていた。ジンは樽詰めして小売業者におろされ、小売業者がジンに甘味を加えてからコーディアルのようにストレートで提供していた。ジン・クレイズの時代には、粗悪な酒の嫌な味をごまかすために砂糖が加えられたが、19世紀のジンは、世間一般の好みに合わせるために甘味がつけられた。

ジン・パレスの時代になってジンが徐々に安全でおいしい酒になったのは新しい製造技術のおかげであり、大きな影響力を持っていた専門の蒸溜業者たちの努力の結果でもあった。アレクサンダー・ゴードン、フェリックス・ブース、チャールズ・タンカレー、ジェームス・バロー、ウォル

ノーブランドの「オールド・トム」・ジンのボトル、1870年代頃。オリジナルの「猫と樽」のシンボルがラベルに描かれている美しいボトルだ。

ロンドンのゴスウェル・ロードにあったタンカレー・ジン蒸溜所（1911年）

ターとアルフレッドのギルビー兄弟などだ。

「工業化の時代」の風を受けて、これらの蒸溜所は大志を胸に高級なジンをつくろうと努め、実際、さまざまなスタイルの製品を開発した。たとえばアレクサンダー・ゴードンの初期のレシピブックを見ると、1800年代に多様なコーディアル・ジンをつくっていることがわかる。スロー・ベリー（スピノサスモモの実）、ダムソンスモモ、ブラックカラント、さらには柑橘類のフレーバーだけでなく、オールド・トム・ジンも製造していた。

とはいえ、材料がどれほど純粋でも、それとは関係のないところで蒸溜業者たちは大きな障害に直面していた。旧式のポットスチル（単式蒸溜器）を使っていたので、少しずつ、時間をかけてつくらねばならなかったのだ。

この状況が一変したのは1827年、ロバート・スタインが連続式蒸溜器を発明した年である。そして1830年、企業家精神に富んだアイルランド人の消費税収税官イーニアス・コフィーがスタインの発明を目にし、少し改良してから自分の名前でこの蒸溜器の特許を取得した。

アランビック（ポットスチル）とは違ってこのコフィー式蒸溜器（連続式蒸溜器）は、セリエ・ブルメンタールの発明した蒸溜器に似ていて、ユニークな長所がいくつもあった。まず、名前が示すように、連続式蒸溜器は途切れることなくアルコールの蒸溜をおこなうことができる。また、不純物のない「クリーン」なスピリッツをつくれ、アルコール濃度を高くすることもできる。このため、テレピン油やヴィトリオール油（硫酸）のような「材料」を加える必要がなくなり、嫌な風味をごまかすための砂糖もいらなくなった（ただし当時はまだ砂糖で甘くするのが好まれていた）。

コフィー式蒸溜器の発明後、オールド・トムの人気は急上昇した。この蒸溜器なら、砂糖とボタニカルの繊細なバランスをとることもできた。これが事実上、甘味をつけた萌芽《ほうが》期のドライ・ジンとなった。オールド・トムは、最初はどちらかと言うとポットスチルでつくったモルト感のあるジンだったが、この頃には、よりクリーンでハーブ感の強いジンに進化していた。このためオールド・トム・スタイルは、ウイスキーのような基調があるオランダのジュネヴァからボタニカルを重視するロンドン・ドライ・ジンへと進化した過程の中間的存在だと言われることが多い。

オールド・トムにしてもロンドン・ドライにしても、当時のジンの製造法について考えるときは現代の製造技術のことはひとまず忘れる必要がある。スピリッツの販売者むけに出版された『ニュー・

ミキシング・ブック *The New Mixing Book*』（1869年）を見ると、この業界の仕組みが少しだけわかる。この頃でさえジンは樽でパブに販売されており、パブのオーナーが樽からグラスに注いだり、顧客の持ち帰り用に樽からボトルに入れたりしていた。また、当時のジンの蒸溜業者からは、甘味を加えたジンも加えてないジンも購入することができた。この本からは、さまざまな社会階層の好みもうかがえる。著者によると、「甘くない強いジンの要望は比較的少ないが、裕福な階層の人々にかぎっては、少数ながら例外もある」のだという。

この「甘くない強いジン」というのが、当時現れはじめたロンドン・ドライ・スタイルのことだ。「ドライ」という言葉は、甘味を加えていないジンを指すために選ばれた言葉であり、砂糖を加えた製品と区別するために考え出された。最初のうちはドライなスタイルを好むのは富裕層にかぎられていたが、健康的な生活が重要視されたヴィクトリア朝の時代になると、このスタイルがさらに幅広く受け入れられた。ジンの蒸溜業者も流行に乗り遅れまいと、「無糖」や「ドライ」と銘打ったジンを宣伝するようになった。この工夫は功を奏した。一方、甘さが特徴のオールド・トムは新しいライフスタイルに合わなくなり、オールド・トムの黄金時代はもう過去のものとなっていた。

コフィー式蒸溜器の功績は、ロンドン・ドライ・ジンにつながる透明でクリーンで雑味の少ないスタイルが登場する道を切り開いたことだ。また、大量生産が可能となり、大手ジン・ブランドの誕生もうながした。そして、砂糖などの風味づけを競うことがなくなったため、現在よく使われているボタニカル――ジュニパーだけでなく、澄んだレモンの香りのようなコリアンダー、ほのかに木のような香りがするアンゼリカなど――が注目を集め、今ではクラシックと呼ばれるこのスタイルの特徴となった。

イングランドで最古のジン専用蒸溜所はG＆J・グリーンオールである。記録によると、穀類を使用したスピリッツの蒸溜が解禁になった直後の１７６１年、初代オーナーのトマス・デーキンが製造を開始した。デーキンのジンは、それまでロンドンで出回っていた粗悪品よりはるかに洗練されていたので、たちまち大評判になったという。まもなく、ほかの蒸溜業者も後につづいた。

１７６９年　アレクサンダー・ゴードンがロンドンのサザーク地区にゴードン社の蒸溜所を設立。１７８６年にはクラークス・ウェルの清浄な湧水《ゆうすい》を求めてクラーケンウェルに蒸溜所を移転。

ゴードン・スペシャル・ドライ・ロンドン・ジンのボトル（1909～23年）。

スミスフィールドのカウクロス・ストリートにあったブース社の蒸溜所（1820年頃）。ロンドン・ドライ・ジンを生み出した生産者のひとつであるブース社のジンは、今もなお買うことができる。

1778年　ブース社とその姉妹会社ボーズ社が「商人名鑑」に記載される。

1830年　チャールズ・タンカレーがタンカレー社を設立。記録によると、1895年にはアメリカへジンを輸出していた。

1863年　ジェームス・バローがビーフィーターを設立。

1867年　ウォルターとアルフレッドのギルビー兄弟がワインの輸入販売業からスピリッツの分野に参入し、ギルビージンを開発。

1898年　タンカレー社がゴードン社と合併し、ゴスウェル・ロードにあったゴードン社の生産拠点を受け継ぐ。

ロンドン・ドライ・ジンのヒエラルキーはおよそ100年間かけて確立した。1820年から1840年まで、既存の蒸溜業者は「レクティファイヤーズ・クラブ」というかなり閉鎖的なグループをつくっていた。このクラブの目的は、価格操作や品質管理、婚姻関係などによって互いの利益を守ることだった。前世紀の怪しげなジンとは違い、ゴードンやタンカレーなどのジンは上質な高級品であり、その生産者はエキゾチックなボタニカルを調達したり、何段階もある精製工程によってスピリッツの純度を高めたりしていた。

同じくドライでも、一般にロンドン・ドライよりも香りが強いとされているプリマス・ジンは、ロンドン・ドライ・スタイルとはまったく異なるものだ。プリマスにしてみれば、プリマス・ジンこそが最初の本物の「ドライ」・ジンということになる。ただし、プリマスのジンはロンドン市外でつくられていたので、ロンドン・ドライとは言えない。1793年、コーツ家がブラック・フライアー修道院だった建物にジンの蒸溜所を開設した。そこは1697年からは麦芽製造所として使われていた場所で、1730年代には、「プリマス・ウォーターの強さ」についての言及が初めて登場する。おそらくこのジンは、甘味を加えたオールド・トム・スタイルだったと思われる。

プリマスは人気のあるブランドだった。とくにロイヤル・ネイヴィーが愛飲し、本物のピンク・ジンにはプリマス・ジンだけを使うべきだ、と将校たちは考えていた。その人気ゆえプリマス・ジンには模造品が多く、この蒸溜所は自分たちの名前を守るために数多くの訴訟を起こしている。今ではプリマスは欧州連合によって原産地名として保護されており、プリマスの古い市壁の域内でつ

プリマス・ジンの蒸溜所（1906年）

くられたジンだけがプリマス・ジンと名のることができる。ロンドン生まれの仲間であるロンドン・ドライとならんで、プリマスの蒸溜所も、現代のジンの発展の下地をつくったのである。

●盛り返すジン

数々の規制が設けられ、製造技術が進歩すると、ジンの品質と評価はめざましく向上した。1850年にはブース・ジンをつくっていたフェリックス・ブースがジンの輸出解禁を議会に認めさせ、その直後から、イングランドのジンが世界中に輸出されはじめる。ゴードン社の古い台帳にはオーストラリアへ出荷した記録が残っており、支払いは砂金でおこなわれたという。「イングリッシュ・ジン」という言葉はたちまち高級品の目印となった。

またこの時期には、増加していた中産階級がさまざまなスタイルでジンを愛飲しはじめた。カクテルの歴史を研究しているデイヴィッド・ワンドリッチはこう述べている。

ジン・パンチ……は、中産階級がジンを受け入れるきっかけとなった飲み物だった。ジン・パンチの起源は、要するに1730年代に下層階級が富裕層のまねをしたことに求められるが、やがてジン・パンチは、フラノの服を着てクロッケーを楽しむような人々にとって夏の定番の酒となった。

ピムス・ナンバーワン・カップの初期のボトルのラベル

1840年代頃から1880年代にかけ、パンチは新鮮な材料でアクセントをつけるなど、凝った形で出されるようになった。この時期は、ウィリアム・テリントンが1869年に書いたレシピブックのタイトルどおり、まさに『クーリングカップとおいしい酒 *Cooling Cups and Dainty Drinks*』の時代だった。同書には、さまざまなパンチとならんでジン・カクテルも載っている。ということは、この頃にはアメリカ生まれのカクテルがすでにイングランドにも来ていたということだ。

もうひとつ、1823年に誕生した「ピムス・ナンバーワン」も、特権階級の心の支えだった。ジェームス・ピムが経営していたオイスター・バーは当時ロンドンでもっとも人気のある店のひとつであり、そこでは「最高にダンディなロンドン紳士」がカキとジンを楽しんでいた。この頃のジンはまだ少し粗削りで、バーの客もジンを味わうというよりもむしろガブ飲みしていた。そこでピムは、ジンをベースにハーブとスパイスとリキュールを混ぜた飲み物を考案し、それを「ハウス・カップ」と名づけた。このハウスカップが、今では山ほどある「フルーツカップ」や「サマーカップ」と呼ばれるものにつながる。これは、スピリッツかワインをベースにし、ハーブとスパイスで風味をつけ、レモネードなど発泡性の飲料で割った飲み物のことで、プリマスをはじめとするジン・ブランドもサマーカップをつくっている。

ピムス・ナンバーワンというリキュールは、はるかスリランカのコロンボまで輸出され、ゴール・フェイス・ホテルという一流ホテルで出された。スーダンでは、サー・ホレイショ・キッチナーの配下の将校たちが1898年の遠征時にピムスを飲んでいる。フルーツカップの伝統的な飲み方は、トールグラスを使った「ロング」・ドリンクとして飲むことで、レモネードかジンジャーエールなどを混ぜ、リンゴ、イチゴ、レモン、オレンジなど、各種のスライスしたフルーツをあしらう。ミントやキュウリを添えることもある。まさに夏の酒だ。

材料としてのジンは、ピムスのリキュールやスロー・リキュール、ダムソン・リキュールに使われるのに加え、『ビートン夫人の家政読本 *Mrs Beeton's Book of Household Management*』(1861年)にも出てくる。この本は発売から数週間で100万部以上売れ、著者は大きな名声を得た。同じ年、ジンは一般の小売店でも買えるようになり、ジン・コーディアルがヴィクトリア時代の本物の淑女の茶会でもひょっこり顔を出しはじめた。淑女たちはこれを「白ワイン」と呼んだり、ボトルにジン(gin)のスペルを逆にした「nig」のラベルをはったりして、召使をとまどわせていた。

同じ頃、育ちのよい紳士たちも、クラブでジンを飲みはじめた。また、1871年に『紳士のためのテーブルガイド *Gentleman's Table Guide*』というレシピブックが刊行されており、これは自宅で酒を出して楽しみたいという社交上の願望を満たすための本だったが、文中で、ジン・ツイスト、ジン・ジュレップ、ジン・サンガリーなどが紹介されている。

こうしたこと以上に、ジンを後押しした意外な事件もあった。皮肉なことに、１８６３年に害虫のネアブラムシが異常発生し、ヨーロッパのブドウ畑がほぼ全滅した。この虫害を引き起こしたのはイングランドの植物学者であり、ネアブラムシの付着したブドウの木をアメリカから持ちこんだのが原因だった。イギリスのブドウ畑も壊滅状態になったが、イギリス産のワインなどだれも気にかけたりはしない。それよりも、フランスのブドウが被害を受けたので、イギリスの上流階級がいつものコニャックの代わりになる酒を探した結果、ジンの消費が急増したという。

とはいえ、ジンの人気と社会的評価が上昇していたこの頃でさえ、ジン・パレスに集まっては大騒ぎをする大衆のことを中上流階級は懸念していた。当時、ロンドンの目抜き通りには2軒以上のジン・パレスがあることが多かった。ジン・クレイズの時代のように、ジンはまだ「女性と子供を悪の巣窟《そうくつ》へと誘いこむもの」だった。ケニー・メドウズが描いた「ちびちび飲む人」という風刺漫画が週刊新聞『イラストレイテド・ロンドンニュース』１８４８年5月6日号に掲載されている。ぼろを来た男がジンをあおっているかたわらで、幼い子供がバーテンにむかって空のボトルをぐいっと突き出している。以下は絵に添えられた文章だ。

THE DRAM-DRINKER.—DRAWN BY KENNY MEADOWS.

ケニー・メドウズ「ちびちび飲む人」。『イラストレイテド・ロンドンニュース』紙掲載（1848年）。

女子供でさえボトルを持ってやって来る。本紙の画家が事実に即して描いているように、まだ小さすぎてバーカウンターにボトルを置くことさえできない子供もいる。……これらの若いみじめな者たちはみな酒好きで、時には屋外でこっそりとコルクを抜き、その有害な飲み物を青白いしなびた唇に流しこむのを人々が目にすることもある。ジンを飲めば猛烈な飢えの苦しみをしばらくは感じずにいられることを彼らはよく知っている。だから、ひりつくような味のミックスドリンクをそのまま飲むのだ。

いくつものこのような言葉が、過度な消費の傾向に異を唱える人々を刺激した。そして、アルコール問題とくれば社会運動家の出番だった。

●禁酒運動

19世紀の禁酒運動は、中流階級の「善行の人」が、公共の場で酔っ払っている下層階級を見て不愉快に思ったことからはじまった。慈善家や聖職者の道徳的熱意にあおられ、こうした人々は禁酒の「短い誓い」をたててジンのような蒸溜酒を控えたが、ワインやワイン類については例外だった。禁酒運動の活動家たちは、ジンを飲まないよう下層階級に説く一方で、ワインのような中流階級が好む酒ならまったく問題ないと思っていたのである。こうした禁酒運動活動家の偽善に対する反動として、絶対禁酒主義を唱える労働者階級の一群が現れた。彼らはほとんどが酒を嫌悪する福音主

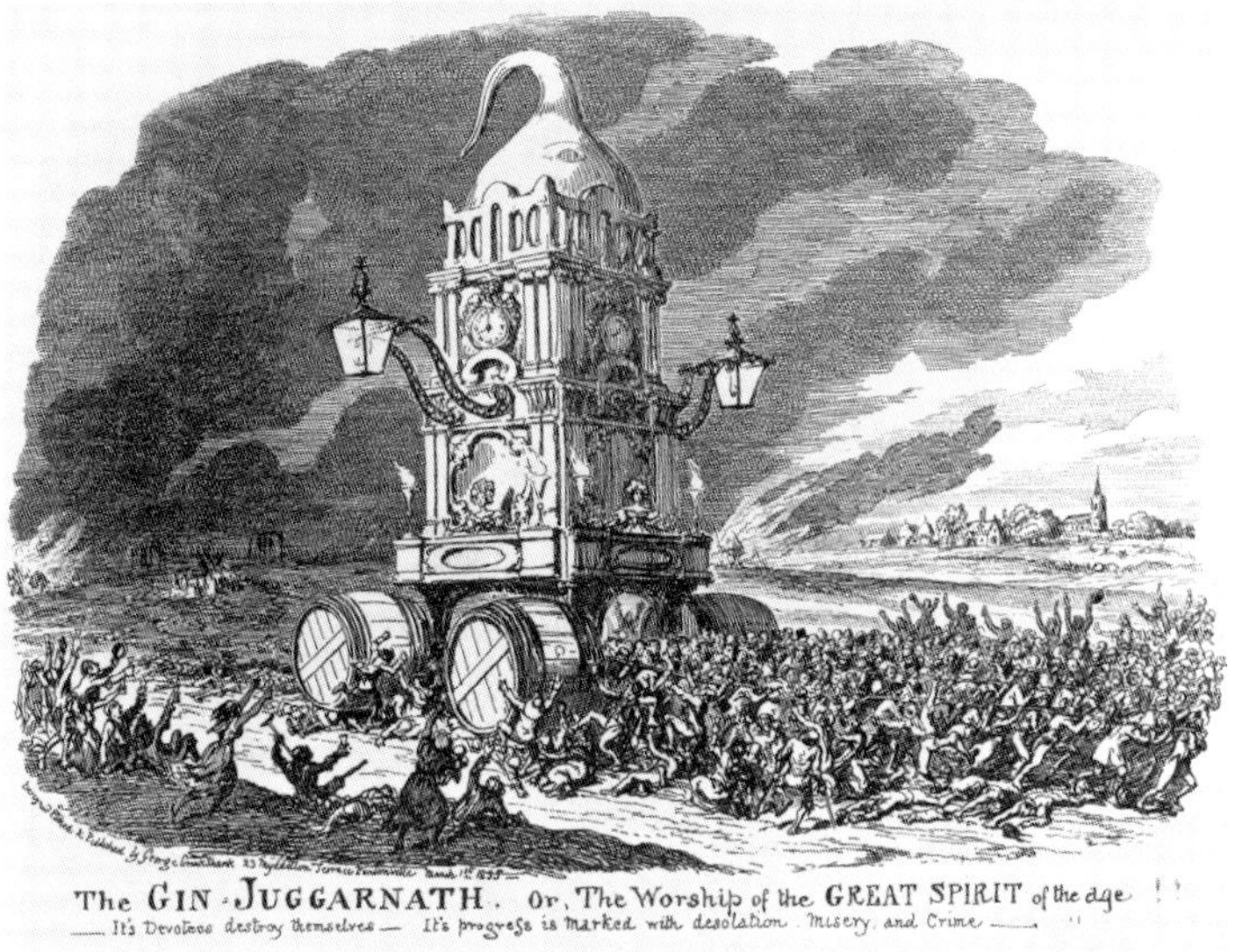

ジョージ・クルックシャンク『ジン・ジャガーノート、あるいは時代の偉大なスピリットの崇拝！』（1835年頃／連作のエッチングに手彩色）。荒廃と悲惨と犯罪を描いた。

義者だった。

なかでもひときわ声高に批判していたのが、チャールズ・ディケンズの作品の挿絵で有名な画家のジョージ・クルックシャンクだ。彼は最初から禁酒を唱えていたわけではなく、1842年までは大の酒好きだったのだが、突然酒をやめると決意した。しかし、断酒以前の彼の作品に出てくるジンの存在感にも、その狂信的な絶対禁酒主義の前兆とも受け取れるものがあった。

1835年に出版されたクルックシャンクのエッチング『ジン・ジャガーノート *The Gin Juggarnath*』では、車輪のついた巨大なジンの神殿が不運にも身動きがとれずにいる人々をおしつぶしている。背後にはイングランドの田園風景が遠く見えるが、そこにはジンの神の怒りは届いていない。

ジョージ・クルックシャンク『ジン狂いの少女の自殺』(1848年頃)。連作『酒飲みの子供たち』より。

クルックシャンクの連作版画集『酒びん *The Bottle*』(1847年)と『酒飲みの子供たち *The Drunkard's Children*』(1848年)も、アルコールを生々しく非難している。『酒びん』はアルコール中毒の男の物語を描いた8枚の連作で、男は妻を殺して精神病院に入れられる。『酒飲みの子供たち』はその続編であり、男の子供たちが主役だが、娘が橋から身を投げるようすが描いた一枚があり、そのキャプションにはこうある。「哀れな少女よ、家もなく、友達もなく、見捨てられて貧窮にあえぎ、ジンに狂い、自殺した」

クルックシャンクのこうした姿勢は、穏健なディケンズとの友情をそこなわせるに十分だった。クルックシャンクの過激な見解とは対照的に、ディケンズはこう言っている。

イングランドではジンを飲むことは大いなる

悪であるが、悲惨と不潔のほうが大きな問題である。貧乏人の家庭を改良するか、餓死寸前の哀れな人に、自分のみじめさをつかの間忘れることに慰めを求めるのはもうやめたほうがいいとわかってもらうまでは、……ジンショップは増え続け、きらきらと光りつづけるであろう。

ディケンズには先見の明があった。彼の言う「ジンショップ」は実際に繁盛したのである。イングランドは1850年にジンの輸出を開始したが、国内でのジンの消費も拡大しつづけ、その勢いはジンと直接関係のある人物からさえも懸念の声が上がるほどだった。

1869年、当時数多くあったサクセスストーリーのひとつの主役、ギルビージンを開発したウォルター・ギルビーは、こう言っている。

この国の不運は、……おもに知識不足のせいでそう信じこんでいるのだろうが、概して、強い酒が——喜びを感じたり渇きをうるおしたりするのに必要な強さ以上に——さらに強くされて飲まれていることだ。

ギルビーのコメントは本質をついてはいるものの、認識不足でもある。昔からイングランド人はアルコールを強さと量の両方で評価してきたが、18世紀と19世紀の下層階級がジンを飲んでいたのは、「知識不足」のせいではない。むしろ、日々の苦しい生活から逃げ出したいという単純な願望からしていたことだ。19世紀になると貧困層や労働者階級の生活が大きく向上したのは事実だが、それでもまだ成し遂げるべきことはたくさんあった。ジン・パレスは、そんな嵐の中で慰めを与えてくれる場所だったのである。

現実はこのような状況だったにもかかわらず、禁酒運動団体と政府は禁酒運動を推しすすめつづけた。１８９２年には、チェスターの主教だったジェイン博士が主張した法案が議会に提出された。博士はスウェーデンのイェーテボリで成功を収めた制度をもとにした禁酒のモデルを提案した。国家による管理を強化し、酒の販売を抑止するというものだ。博士によると、この制度が採用されれば、「単なる酒場やジン・パレスや『バー』――飲むために飲むという破滅的な行為の動機となるもの――は、完全に消滅するだろう」。しかし法案は成立しなかった。おそらく、ある主教が上院で述べた意見に多くの人が賛同したからだろう。彼は言った。「全イングランドが自由であるほうが、イングランドがしらふでいるよりも好ましい」

第5章 ● アメリカのジン

マティーニ1杯でも結構。
2杯は多すぎる。
3杯じゃ足りない。
――ジェームズ・サーバー

1831年、民主主義の実践を研究するためにアメリカにやってきたフランス人のアレクシ・ド・トクヴィルは、こう書いている。

何世紀もの間世界を導いてきた古い意見は消えてなくなる。そこにほとんど限りのない道、果てしのない土地が姿を現す。人間精神がそこへ突進し、あらゆる方角に走り回る。……この国では人は、地上のいかなる国よりも、また歴史に記憶されたいかなる時代にも増して、財産と知性において平等であり、言い換えれば誰もが等しい力をもっている。

［トクヴィル『アメリカのデモクラシー』第1巻（上）／松本礼二訳／ワイド版岩波文庫より］

トクヴィルがこうした雄弁な文章でとらえたものは、つねにアメリカ人の生き方の指針となってきた自由という概念だ。新世界は当初から、未開拓の将来性という輝きをはなっていた。この白紙状態が、冒険を求める人々や夢を抱く人々、そして起業家を次々と植民地へひきつけた。だがこうしたタフな人々が直面したのは、疲れた体を癒やしてくれる快適な衣食住がまったく存在しない未開の地だった。そうした未開の地を、彼らは自分たちの意のままに従わせたのだ。それどころか、独立のために戦い、ついに独立を勝ち取った人々はまぎれもない自由思想家であり、大きな夢と「なせばなる」の精神を持っていた。

この自由の意識や自由を求める心は、アメリカ人の行動すべてに入りこんだ。ほかの国々には国のアイデンティティとなるような酒があり、たとえばアイルランドやスコットランドならウイスキー、メキシコならテキーラ、オランダならジュネヴァがそうだが、アメリカにはそういった酒はなく、好きな酒を自由に飲んでいた。しかも、そうすることに古臭い階級のしばりなどなかった。そんなものはとうに捨て去っていたからだ。ラムもブランデーもウイスキーもジン——最初はジュネヴァで、次にイングランドのジン——も、同じように棚に並んでいた。何の束縛もなく新しいものを考案する自由もあった。こうして、カクテルというまさにアメリカ的な飲み物が生まれた。

アメリカの植民地では、ジンも含め、アルコールが世界のどの国よりも重要な役割を果たしていたのかもしれない。ある統計によると、19世紀初めのアメリカ人は、ジン・クレイズの時代のロンドン市民よりも大量の酒を飲んでいたという。最初は、新しい国をつくるため、心身ともに効く強壮剤として飲んでいたものが、やがて、都市化のストレスとその副作用を癒やしてくれる万能薬になったのだ。

●アメリカのジュネヴァ

1625年、オランダ人がニューネーデルラント植民地を建設した。1640年には、この植民地の総督ウィレム・キーフトが、スタテン島にアメリカ初のウイスキー蒸溜所をつくった。時代背景とキーフトの出身国を考えると、キーフトのウイスキーは、ジュネヴァを製造するときのような技術を使い、ジュニパー抜きでつくられていたのだろう。

1732年までにはイギリス13植民地が形成され、別名「ホランズ（オランダ）」とも「ホランド（オランダ）・ジン」とも「ジュネヴァ Geneva」とも呼ばれていたジュネヴァ（genever）が、どの居酒屋でも見かけられるようになった。1741年にはジュネヴァの存在感があまりにも大きくなりすぎ、ジュネヴァの窃盗で有名になったニューヨークの犯罪集団に「ジュネヴァ・クラブ」というあだ名がついたほどだった。また、ボルス社に残されている記録によると、1750年から1800年まではオランダのジンがアメリカへ信じられないほど大量に輸出されており、1800年から1850年にかけてはなぜか落ち着いたものの、1850年から1916年はふ

左：フリーブーター・ジュネヴァのボトル（1895年）。ロンドン・ドライが入ってきていたものの、20世紀初頭にはまだジュネヴァが人気だった。

右：ブランケンヘイム＆ノレット・ホランズ・ジュネヴァのボトル（1890年代頃）。英語圏の市場は、英語化したジュネヴァ（Geneva）という用語をさかんに用いた。

たたび大量に輸出されている。

　アメリカ人作家ワシントン・アーヴィングが1819年に書いた『リップ・ヴァン・ウィンクル』［齊藤昇訳／岩波文庫／2014年］で、主人公のいわば「アメリカ版浦島太郎」リップ・ヴァン・ウィンクルが、酔ってひと眠りするつもりで20年間も眠ってしまったことの言い訳にしている酒がジュネヴァ——「極上のホランズの味がする飲み物」——だったのも偶然ではない。それどころか、カクテル文化全盛期の19世紀には、オランダ・ジンの輸入量はイングランドのジンの約5倍もあった。1860年になっても、ジョン・マルカートの『値千金の600のレシピ *600 Receipts, Worth Their Weight In Gold*』には、オランダ・ジンに似たものをつくるためのレシピがのっており、そのレシピ全部が、何らかのピュア・スピリッツか精留したウイスキー、そして少なくとも1ガロン（約3・8リットル）の「純粋な輸入オランダ・ジン」を必要としている。1883年の記録でも、アメリカはバルク［びん詰めされる前の、樽など大型容器に詰められたままの状態］で約146万リットル、ボトルで1万1194ケースものジュネヴァを輸入していた。これに対し、イギリス産ジンの輸入量は、バルクで約5万リットル、ボトルで7313ケースにすぎない。また、19世紀初めのアメリカの蒸溜の入門書、たとえばサミュエル・マクハリーの『蒸溜実践入門 *The Practical Distiller*』（1809年）を見ると、ジュネヴァの蒸溜工程によく似た工程を推奨している。ポットスチルを用い、ジュニパーに限定したボタニカルやホップを使う方法だ。甘いオールド・トム・スタイルやボタニカルの風味が強いロンドン・ドライが一般的になるまでは、若きアメリカのジン――オランダから来たジュネヴァとモルト感の強い初期のオールド・トム――とは、すなわち明らかにリッチな味わいと強い香りのジンであり、現在のイギリスのジンよりもウイスキーに近いものだった。

●ミックス・ドリンクとカクテル

建国まもない頃のアメリカでは、イギリス伝統のパンチ・ボウルを囲んで友人とのんびり数時間すごすことが多かった。このみなで分け合うパンチ――スピリッツ、砂糖、水、柑橘類、スパイスを混ぜたもの――から生まれたのがミックス・ドリンクだ。しかし、ボウルになみなみと用意されたパンチ――もちろん空にするにはそれなりの時間がかかる――は、当時のアメリカ人が打ち出したいと思っていた勤勉なイメージとは一致しなかった。すでに18世紀の終わりには、バーテンダーはパンチをグラスで出す気づかいをしていたという。

ジン・パンチのボウルからは、パンチをベースにしたドリンクが数多く生まれた。ジン・フィックス、ジン・サワー、ジン・デイジー、ジン・フィズ。みないらつくほど似ているが、少しずつ違う。共通点はジン・パンチの成分――ジンと砂糖と水と柑橘類だ。これらはどれも、分類上は「ショート・ドリンク」となる。氷と一緒にシェークし、小さなグラスに注ぐ。あっという間に飲み干せるうえ、価格も手ごろ、しかも非常においしいとあって、普通のアメリカ人がストレスだらけの仕事の合間になにか理由をつけてはさっと一杯やるのに格好の飲み物になった。

パンチとならんで飲酒文化の重要な柱だったのが、トディーとスリングだ。トディーはたいてい温かく、スリングはたいてい冷たいが、どちらもシンプルでエレガントなドリンクで、必要なのは蒸溜酒に水、砂糖、ナツメグ少々だけだった。健康的な強壮剤として処方されることも多く、使う酒はジュネヴァかウイスキーかラムか、なんでも好きなものを使えた。

カクテル――今のミックス・ドリンク全般を指す広義のカクテルではなく、昔の特定のドリンクをいう狭義のカクテル――は、事実上はビターズを加えたスリングだ。これは、医者にかからず自分で病気を治すための手軽で実用的な方法として生まれた。というのも、当時のアメリカではいつでもすぐに医者に診てもらえるとはかぎらなかったからだ。イギリスの海軍と同じように、アメリカ人もビターズを万能薬として使っていた。ゴールドラッシュの時代に西海岸を目指した人々は、ハーブや樹皮から自分でビターズをつくったり、怪しげな万能薬の行商人からビターズを手に入れたりすることもあった。また、街角の商店でもビターズは買えた。しかし、ビターズをスピリッツに加えるという錬金術めいたことが初めておこなわれたのはいつかとなると、ニワトリと卵の関係にも似た難問である。

「カクテル」の誕生日の解明は迷宮入りだとしても、初めてその定義が英語の活字になったのは、1806年5月13日だとわかっている。『バランス・アンド・コロンビアン・リポジトリー *Balance and Columbian Repository*』という新聞の編集者が、記事で使った「カクテル」という言葉についての問い合わせに答え、こう定義しているのだ。「カクテルとは、よい刺激となる酒で、何でもかまいませんが『スピリッツ』『砂糖』『水』『ビターズ』を混ぜたものです。俗に『ビタード・スリング』と呼ばれています」

当初、カクテルは「朝」に飲むものだと考えられていた。克服すべきものが前夜からあった、ということだろう。そのためカクテルはいささか良からぬ評判を得ることになり、きわどい遊興的なものの領域に属すものとみなされた。ギャンブラーやハスラー、そしてそうした男たちが口説く身持ちの悪い女たちを指す言葉ともなって、少なくともほめるときに使う言葉ではなかった。だがもちろん――新しいものは何でもそうだが――カクテルもすぐに、より「立派な」人々にも受け入れられるようになった。彼らも、カクテルはすばらしくおいしい、という事実を見過ごせなかったのだ。カクテルが万能薬から元気を回復してくれる飲み物に変わったことは、ウィリアム・グライムズの『ストレート・アップかオン・ザ・ロックスか *Straight Up or On the Rocks*』（1993年）が指

「名高いH・C・ラモス・ジン・フィズ・サルーン」のポストカード（ニューオーリンズ／20世紀初頭）

摘しているように、アメリカ人の飲み方の「ターニング・ポイント」だった。

カクテルも、サワーやフィックスのようなミックス・ドリンクも、当時の「サルーン」（酒場）で飲むことができた。それは高級ホテルにあるバーだったり、開拓時代の西部にあった典型的なスイングドアの酒場だったりしたが、共通しているのは、会員制クラブ――文化的な集会所のようなもの――の特権的な雰囲気を提供しながらも、だれでも平等に入ることができるところだった。「最高にエレガント」とされるサルーンの多くは、ロンドンのきらびやかに飾り立てたジン・パレスに似ていた。ただし、アメリカのサルーンとジン・パレスが決定的に違うところがある。ジン・パレスは客を誘いこんでしまうと今度はとっとと帰らせようとするが、サルーンではこざっぱりした服装のバーテンダーがまるでバレエを踊っているかのようにシェーカーとグラスをあやつり、次々とすばらしいドリンクを出しては客を夢中にさせていたのである。

こうしたショーマンさながらのバーテンダーでもっとも有名だったのは、おそらくジェリー・トーマスだろう。カクテル文化をヨーロッパとイギリスへ持ちこんだとされている人物だ。1862年、トーマスは『ミックス・ドリンクの作り方、あるいは美食家の友 *How to Mix Drinks; or, The Bon Vivant's Companion*』という世界初のカクテルブックを出版し、ドリンクの世界に革命を起こした。この本の初版ではさまざまなミックス・ドリンクとならんで「公認」のカクテルも10種のっており、そのひとつである「ジン・カクテル」はオランダ・ジンを使っている。

アメリカでカクテルづくりがはじまったばかりの頃は、使われていたジンは実際にはジュネヴァだけだった。けれども1850年、フェリックス・ブースが議会に働きかけたおかげで、ついにイギリスからアメリカへのジンの輸出がはじまった。これまで見てきたように、当時のイギリスでつくられていたジンはほとんどがオールド・トムか、スローやダムソンのような各種のコーディアル・ジンだった。

19世紀末には、ジュネヴァよりも甘くてボタニカルの風味が強いオールド・トムが、モルト感の少ないベースとしてカクテルに使われるようになっていた。アメリカのバー用の便覧でも、オールド・トムが指名されることが多くなった。トーマスのカクテルブックの1887年版を見ると、オランダ・ジンがまだ大きな役目を果たしてはいるものの、マルティネス（マティーニの前身）やシ

ジェリー・トーマス著『ミックス・ドリンクの作り方、あるいは美食家の友』。これが最初のカクテルブック。

ルバー・フィズ、パイナップル・ジュレップに使うジンにはオールド・トムが選択されている。また、初版からあるオランダ・ジンを使ったジン・カクテルに加え、オールド・トム・ジン・カクテルも新たに収録されている。

ジョージ・カッペラーの『モダン・アメリカン・ドリンクス *Modern American Drinks*』（1895年）でも、「トム・ジン」が多くのカクテルで使われている。たとえば、ダンドラド、フォード、ジョージ、プリンストン、ターフ、ユニオン、イェール、ヨークなどという名前のカクテルだ。オランダ・ジンを使っているのは、スミス、スキーダム、オランダ・ジン・カクテルだけだった。オランダ・ジンはジョン・コリンズのレシピにも出てくる。これは、ジン、砂糖、レモン、プレーンソーダでつくる「ロング・ドリンク」で、トールグラスで氷を入れて出す。その名のとおり、トム・コリンズという、むろんトム・ジンを使うものもある。

1872年にはアメリカで最初のドライ・ジン・メーカー、フライッシュマンズ蒸溜所がオハイオで設立されたが、当時はまだ甘めのミックス・ドリンクを好むのが一般的で、「ドライ」に気づいて関心を寄せていたのはごくわずかだった。だから1891年刊の『フローイング・ボウル *The Flowing Bowl*』というカクテルブックでの「ジン」の定義は、「非常に強い酒で、生産地はオランダ（オランダ・ジン）とイングランド（オールド・トム・ジン）」である。

カクテルをはじめとするジン・ベースのミックス・ドリンクは19世紀末までバーの定番でありつづけたが、めきめきと時代の注目を集めるようになったのはドライ・マティーニである。その人気

フライッシュマンズ・ジンの広告（1930年代頃）。フライッシュマンズは最初のアメリカ産ジンで、今もなお生産されている。

ゆえ、ロンドン・ドライがオランダ・ジンとオールド・トムに取って代わることにもなった。オランダ・ジンとオールド・トムの風味は、19世紀末には時代遅れに感じられるようになっていたのである。しかし1920年、ジンの好みの変化などほとんど問題ではなくなってしまう時代がやってくる。禁酒法だ。この法律はアメリカ全土に暗い影を投げかけ、飲酒への関心に水を差すことになる。

●禁酒法への道

20世紀になると、アメリカはジンの世界にある妙な事柄を喜んで受け入れ、カクテルが昔は薬だったことを利用するかのようになった。こうしたジンの多くは女性特有の病気に悩む女性をターゲットにしたものであり、いわゆる「ピック・ミィ・アップ（気つけ薬）」だった。その使用説明書には、女性は「薬」をストレートで飲むか、冷温どちらでもよいから同量の水かミルクで割って飲むようにとあった。

メープル・ジンの広告のひとつ――キャッチコピーは「女性の友」――には、いわゆるギブソンガール［イラストレーターのチャールズ・ダナ・ギブソンが描いた理想の女性像］がジンのカップをかかげているところが描かれている。このジンの製造元バッファロー・ディスティリング社は、1901年にバッファローで開催されたパン・アメリカン万博にむけて全16ページのパンフレットをつくることまでした。そのパンフレットのなかにあるメープル・ジンの広告には、有名な『セン

メープル・ジンの広告「女性の友」(1901年)。この広告は、バッファローでおこなわれたパン・アメリカ万博にむけて制作された全16ページのカタログの一部。メープル・ジンをつくっているバッファロー・ディスティリング社からのあいさつがわりの表紙でも、「女性にとって興味深い」ものと称し、商品の効能を宣伝する広告を8つのせている。

Fag-Co（フォルサム・アスパラガス・ジン社）のアスパラガス・ジンのボトル（1900年代頃）。数多い「医療用」ジンのひとつ。健康によいとされ、大衆的な人気があった。

ブークー・ジンのボトル（1900年頃）。「あらゆる腎臓の悩みに」勧められていた。民間療法で使われていた薬をボトルにつめて市販した。

チュリー・ディクショナリー『Century Dictionary』から引いた次のような文をのせているものもある。「純粋なジンは多くの疾患において注目すべき薬であり、とくに泌尿器の疾患に効く」。また、このパンフレットには休養や娯楽のためのドリンク・レシピものっており、「ベースには、かの有名な、どの刺激薬よりも健康によいメープル・ジンを用いる」と書かれている。

同じ頃、シンシナティのウルマン社も治療法を提案し、こう問いかけた。「お疲れですか？　へとへとですか？」。ウルマン社の解決策はこうだ。「ジン・フォスフェイトが活力を与えます」。ブークー・ジンもドラッグストアで有名な薬を売っていた。また、ブーヴィエ・スペシャルティ社は自社製品のことを「喜ばしい飲み物。極上のトニック」と呼んだ。そして、フリーデンウォルズ・ブークー・ジンは１９０７年の『世界年鑑百科事典 *World Almanac and Encyclopedia*』に広告を出し、さまざまな材料を組み合わせることでこのジンは「腎臓、血液、泌尿器のあらゆる疾患、婦人病、便秘のきわめて効果的な治療薬」になったと訴えている。アスパラガス・ジンという奇抜な製品もあった。生産者はサンフランシスコのローゼンバーグ社やフォルサム社などだ。アスパラガスはジュニパー・ベリー同様に利尿作用があると考えられているので、ジンに使ってみたのだろう。

禁酒法以前も、薬用酒が非難の目を向けられることはなかったが、楽しみのための酒となると誹謗中傷の的になった。そうした中傷に大義がなかったわけではない。それどころか、『ドラッグとアルコールの中毒の予防と社会的影響 *The Prevention and Societal Impact of Drug and Alcohol Abuse*』（１９９９年）によれば、アメリカ独立戦争以後の社会と経済が激変した数十年間は、アメリカ史上アルコールの消費がもっとも多い時代だったらしい。19世紀初めのアメリカ人――ただしおもに男性――は飲みすぎで、蒸溜酒を年に約38リットルも消費していた。この本の著者は言う。「アルコールは、かつては『神の創造物』だったが、『悪魔のラム』になりつつあった」。すでに19世紀半ばには禁酒団体がアルコールの消費量を減らそうとしていたが、20世紀になってようやく彼らの主張が勢いづいてきたのである。

禁酒運動の主役はおもに女性だった。彼女たちの多くが、酔った男性に苦しめられていた。この反アルコール運動は、第1次世界大戦中に勢いをました。キリスト教婦人矯風会《きょうふうかい》や禁酒連盟のような団体が議会へおしかけて禁酒を訴えたのが、アメリカ人男性の多くが戦地へ出征していた最中だったのは、けっして小さな偶然ではない。1919年1月16日には、政治家がこうした「国民の意思」の明示に屈して憲法修正第18条を批准し、別名ヴォルステッド法が成立した（1年後に女性に選挙権が与えられたが、これも偶然ではない）。

しかし実際には、禁酒は「国民の意思」などではなかった。禁酒法布告直後の1919年に書かれた「アルコールのブルース The Alcoholic Blues」の歌詞はこう嘆いている。「ロング・ハイボールも。ロング・ジンもだ。ああ、おまえはいつ戻ってきてくるんだ？　おしえてくれ」。こうした喪失感は全国におよんだ。その範囲や影響は明らかに違うものの、禁酒法時代は多くの点で、アメリカ版ジン・クレイズだったと言ってよい。18世紀のジン取締法と同じように、ヴォルステッド法もアルコールの製造と販売を禁じようとしたが、結局は地下にもぐらせただけで、しかもたいていはひどい結果をもたらした。

●狂騒の20年代

成立から1年後の1920年1月16日、禁酒法が施行された。アメリカは正式に「ドライな」（禁酒の）国になった。そして禁酒法という妖怪が、アルコールの提供する楽しみや慰めを容赦なく奪

ウィル・カールトン「蒸溜器のヘビ *The Serpent of the Still*」（エングレービング）。詩集『都市伝説 *City Legends*』（1898年）より。

い去ろうとした。一夜にしてサルーンは店じまいし、商店やバーに並んでいた酒が没収された。ところがその直後、カウンターカルチャーがいきなり出現した。商魂たくましい冒険好きのアメリカ人が、酒を提供しつづける独創的な方法を見つけたのだ。

19世紀の合法的なサルーンが、たちまち20世紀の非合法の「スピークイージー」（もぐり酒場）になった。ニューヨークだけでも非合法のクラブが3万軒もあった。たとえば、コットン・クラブ、ストーク・クラブ、そして一流の客に最高級の酒を出すことで有名だった21クラブなどだ。当時『デイリー・ミラー』紙のゴシップ・コラムニストだったウォルター・ウィンチェルは、こうしたニューヨークのカクテル好きを称して「ジンテレクチュアルズ（ジン＋インテレクチュアルズ）」（ジン好きな知識人たち）という造語をあみだした。

ヴィクトリア朝風の品行方正などかなぐり捨てた「狂騒の20年代」は、まさにその名が示すとおりの時代だった。騒々しく、セクシーで、たがの外れた時代だ。18世紀ロンドンのドラムショップに匹敵するほど数多く出現したスピークイージーは、特別な合言葉を告げれば入ることができた。一歩ドアの向こうに入ってしまえば、いくらでも出てくる酒や新しいジャズのサウンド、奔放で無茶なフラッパー［1920年代に現れた「新しい」タイプの若い女性のこと。自由奔放な行動や型破りな服装が不道徳だと非難されることも多かった］の誘惑が次々と押し寄せてくるのだった。

昔のとりすましたギブソンガールに代わる新しい女性像をつくったフラッパーは、地元の酒の流通を支配するギャングと腕を組んで歩くような女性たちだった。そんなギャングのひとりが、あの

ゴードン・ドライジンの「輸出」ボトル（1908～20年）。イギリスのゴードン社からライセンスの許諾を受けてアメリカで生産されたもの。

アル・カポネである。カポネは禁酒法以前はほとんど無名の悪党にすぎなかったが、酒の密造とスピークイージーの帝王となり、シカゴで約1万軒のスピークイージーを経営していた。パワフルで残忍な男だったカポネは、禁酒法時代にはびこった犯罪の急増を象徴する人物だ。酒の密造競争が犯罪の多発をもたらし、政府の腐敗がこうした状況に拍車をかけていた。

一方、イギリスのジン製造会社は、アメリカ連邦議会が禁酒を宣言しても、いや、宣言したからこそ、自分たちのビジネスをやめたりはしなかった。当時ゴードンやタンカレーなどのブランドを所有していたディスティラーズ社（DCL）は、自社製品をアメリカへ密輸するルートを完全におさえていた。DCLは、表向きはスピリッツをカナダへ、ギルビーは自社のジンをアントワープとハンブルクへ送る。その後、アメリカの領海のすぐ外側まで荷物を運び、ボートなどでひそかに密輸した。

◉密造酒

密造酒もめずらしくなくなった。なかでもジンは一番つくりやすい。ウイスキーは熟成しなくてはならず、手早く密造して一気にもうけるには不向きだ。野心家の「蒸溜業者」になると、大きな容器で生のアルコールにジュニパーのエキスを混ぜるだけで基本となる製品をつくることもあった。混ぜる容器としてはバスタブの大きさがぴったりなので、「バスタブ・ジン」と呼ばれたりもした。あまりに簡単につくれるため、作家のウィリアム・フォークナーでさえ、自分と友人のために1度だけつくったという。キューバ産のアルコールを使い、地元の店で買えるジュニパーのエキスで風味づけしたらしい。

フォークナーのように自宅でひかえめにスピリッツをつくっていた人々もいたが、商売として密造され不法に販売されていたジンは、とてもほめられた代物ではなかった。ジン・クレイズの時代のジン同様に、ベースとなるスピリッツに混ぜ物をした粗悪品で、ひどい味だった。酒の製造に工業用アルコールを使わせないようにするため、政府は医学界の反対をおしきって、有毒なメチルアルコールで工業用アルコールを変性するよう命じた。

だが多くの人は、危険もかえりみず工業用アルコールを「入手」して自家製の酒をつくった。禁酒法時代末期にはさまざまな会社がこの「趣味」を商機ととらえ、ライ・ウイスキーやジンやラムなど各種スピリッツの味をまねられる人口調味料を宣伝していた。1932年の『ニューヨーカー』

誌に、ピシェル社はこんな広告を出している。「『ピーコ』1びんで1ガロンつくれます（ジン・タイプなら2倍）。お近くの食品店かドラッグストアでたったの75セント」。最後の文句がふるっている。「簡単に混ぜられ、熟成いらず！」。このような調味料自体は危険ではなかったが、自分で代用スピリッツをつくってみようとそそのかしているのは問題だった。事実、禁酒法時代には約1万人が変性アルコールを口にして命を落としている。フルーツジュースなどを混ぜた「カクテル」で、変性アルコールの味をごまかしていたのだ。

また、禁酒法施行以前に購入したスピリッツなら自宅でひきつづき飲んでもよいと認めたことも、禁酒法に数々あった矛盾のひとつだった。ヴォルステッド法が施行される前にせっせと酒をためこんだ人々は、当然ながら堂々と飲んでいた。とりわけジンとウイスキーが人気で、ドライ・マティーニとマンハッタンが好まれた。さかのぼること1892年には、すでにヒューブライン社が、自宅で楽しむための「クラブ・カクテル」という注ぐだけで飲める既製品のミックス・ドリンクを生産していた。禁酒法時代に入るとそうしたものはもう買えなかったが、自宅でカクテルを飲んだり「カクテル・パーティー」を開いたりする流行は続いた。記録に残るかぎりでは、最初のカクテル・パーティーは早くも1917年のセントルイスで開かれている。

こうした内輪の集まりは、ヴィクトリア朝時代の凝ったディナー・パーティーに代わるものだった。昔風のディナー・パーティーを開くには大勢の召使が必要だが、20世紀の中産階級中心のアメリカでは、多くの召使を抱える家など、あるとしてもごくまれにしかなかった。パーティーのホストとしても、10皿のコース料理をきちんと出せるか目を光らせているより、マティーニを混ぜているほうがはるかに楽だ。また、カクテル・パーティーは女性の権利にも大いに貢献した。『家庭での飲酒――1870～1940年のアメリカの女性と男性とアルコール *Domesticating Drink: Women, Men, and Alcohol in America, 1870～1940*』（2001年）の著者キャサリン・ギルバート・マードックによれば、「カクテルは蒸溜酒を飲ませるものだが、弱くしてあり……ストレートのジンを飲もうとは思わない女性でも、ドライ・マティーニなら体面を気にせずに頼むことができた」

●ヨーロッパのカクテル文化

このように、禁酒法時代といえどもアルコールを手に入れる方法がまったくないわけではなく、ぎりぎりのところで法の目をかいくぐることも可能だったが、その一方で、それなりのお金がある場合には、アメリカ国外に行くという単純な方法を選ぶ人も多かった。国外であれば簡単にアルコールを飲めるばかりか、それは旅行の理由にもなり、社会に対する政府の抑圧に抗議するという意味もこめられていた。

聖域となってくれる場所はいくらでもあった。異国情緒を味わいたければ、すぐ近くにキューバがある。世界各地を旅しようという人なら、シンガポールの洗練されたラッフルズホテルを利用することもできた。ラッフルズホテルのバーで誕生したカクテルがシンガポール・スリングだ。1915年に考案されたシンガポール・スリングは、ビーフィーター・ジンにベネディクティン、コアントロー、チェリー・リキュール、パイナップル・ジュース、ライム・ジュース、ビターズを混ぜてつくる。

大西洋の向こう側、ヨーロッパに行くこともできた。多くのアメリカ人が、キュナード社のアクイタニア号をはじめとする当時の大型遠洋定期船のチケットを予約した。公海上であれば酒を注文できる。それどころか、飲酒を目玉にした海外ツアーまで登場した。旅行需要が落ちこんだ大恐慌の時期、キュナード社は地中海への低価格の旅を宣伝し、「ブーズ（酒宴）・クルーズ」と銘打っている。

ヨーロッパはすでにアメリカのミックス・ドリンクを受け入れており、カクテルの伝統がまだ生きていた。パリでアメリカ人御用達《ごようたし》のバーとしてもっとも有名だったのが、ハリーズ・ニューヨーク・バーだ。経営者はスコットランド人のハリー・マッケルホーン。このバーに雇われていた1923年にアメリカ人のオーナーからバーを買い取った。ハリーズ・バーからはジン・ベースの有名なカクテルがいくつか生まれている。モンキー・グランド（材料はドライ・ジン、オレンジ・ジュース、グレナデン・シロップ、アブサンかパスティス）もそのひとつだ。禁酒法時代初期の1923年に生まれたモンキー・グランドは、ある悪名高い外科手術にちなんで命名された。男性の性的機能を復活させるためにサルの精巣を男性の睾丸に移植するという手術だ。このカクテルの人気——とこの手術の注目度——を示す証拠が、1923年のメンフィス・メロディ・ボーイズのジャズの一節だ。「モンキー・グランドのせいで、おれはサル（笑いもの）になっちまった」

国外に住んでハリーズ・バーのような店の常連になった人々のなかには、アーネスト・ヘミングウェイとその親友F・スコット・フィッツジェラルドもいる。死ぬまでアルコールを手放せなかったフィッツジェラルドは、フランスとイタリアに滞在中に「狂騒の20年代」を告発する古典的作品『グレート・ギャツビー』（1925年）を書いた。この作品にはジン・リッキーがふんだんに出てくるばかりか、主人公のギャツビー自身が、「横丁のドラッグストア」で「カウンターごしにグレーン・アルコール」を売っている密売人という正体をあばかれる。

ロンドンのカクテル文化も全盛期だった。もっとも人気があったのはサヴォイ・ホテルのアメリカン・バーだ（「アメリカン・バー」とは一般名詞であり、アメリカン・カクテルを出すバーを指す）。禁酒法のために1920年にアメリカから渡ってきたアメリカ人バーテンダー、ハリー・クラドックが腕をふるっていたこのバーは、裕福で有名で有力な人々が集まる場所だった。ここの名物ドリンクのひとつに、ハンキー・パンキーというクラドックの前任者エイダ・コールマンの生み出したカクテルがある。要は甘いマティーニで、ジンとスイート・ベルモットをそれぞれ1・5オンス（約43ミリリットル）ずつ混ぜ合わせる。後年、コールマンは秘密の材料――フェルネット・ブランカというイタリア産のビターズのような消化剤を2ダッシュ――を加えている。

1930年、クラドックはサヴォイのバーのレシピ集『サヴォイ・カクテルブック』を出版した。まさに当時のドリンクの証左となるものだ。クラドックの有名なレシピのひとつが、ジン・ベースの「コープス・リヴァイヴァー・ナンバー2」［コープス・リヴァイヴァーとは「死体を生き返らせるもの」という意味」で、これについて彼は、「これを4杯も一気に飲んだら、せっかく生き返った死体がまた死体に戻ってしまう」と述べている。このコープス・リヴァイヴァーをはじめとして、サヴォイのレシピにはドライ・ジンを使うものが２００種以上掲載されているばかりか、さらには、プリマス・ジンを指定したドリンクが27種、ビーフィーターを使うものが数種ある。時代の変化を反映し、オールド・トムを使うレシピは5種、ホランズを使うレシピは2種しかない。

サヴォイに関係する人物としては、イギリスの偉大な劇作家で作詞作曲も手がけた万能の才人、ノエル・カワードがいる。このジュニパーのスピリッツをよく知っていたカワードは、１９２６年の戯曲『言葉と音楽 *Words and Music*』で、ジンこそ、ある世代を象徴する飲み物だとたたえた。「残酷なありのままの事実の中にあるジンが、情熱に燃える若さに油を注ぐからだ」

一方、自宅でミックス・ドリンクを飲むほうが好きな人には、「レディ・トゥ・サーヴ・シェーカー・カクテルズ（注ぐだけのシェーカー・カクテル）」があった。この製品は１９２４年にゴードン・ジンが開発したもので、「ジャズ・エイジの精神」（ジャズ・エイジとはフィッツジェラルドが考えた造語）をたたえるためにつくられた。アメリカでヒューブライン社が発売した製品と同じように、こちらもカクテル——今やこの用語は何に対しても使える言葉になっていた——それぞれに専用シェーカーとカクテルの材料が同梱され、混ぜるだけで50／50（フィフティ・フィフティ）、マティーニ、ドライ・マティーニ、パーフェクト、ピカデリーをつくることができた。その1年後、プリマス・ジンが同社で最初のカクテルの小冊子を出版した。これにはドライ・マティーニ、ギムレット、ピンク・ジンといったクラシックカクテルが掲載されている。ただしイギリスの大衆はオリジナルのカクテルにはあまり興味がなく、ジンにトニック・ウォーター、ビターズかジンジャー・ビアーを混ぜただけのものを好んだ。パブで一番の人気だったカクテルはドッグズ・ノーズで、エールかポーター1パイントにジンを1ショット加えたものだった。

禁酒法の影におおわれていてもアメリカの飲酒文化は繁栄していたばかりか、イギリスをはじめヨーロッパにまで広がっていた。その大きな理由は、たとえアメリカの法律を破ってでも飲みたい、国外に行ってでも飲みたい、どうせ海外に行くなら自分たちのカクテル文化も一緒に持っていこう、とアメリカ人が強く思っていたからだ。禁酒法の大きな皮肉のひとつは、法律で禁じられていたにもかかわらず、アメリカ人はむしろ禁酒法制定以前よりも大量に酒を飲んでいたということだろう。まさに禁酒法廃止手続きの最中に書かれた『タイム』誌1933年12月4日号の記事にはこうある。

　1913年のアメリカでは、ライ・ウイスキーとバーボンで1億3500万ガロン（約5億1000万リットル）、ジン5000万ガロン（約1900万リットル）、スコッチ・ウイスキー150万ガロン（約570万リットル）、アイリッシュ・ウイスキー少量が消費されていた……禁酒法時代にはアルコールを扱う事業はリカー（液体）事業と呼ばれたが、リカーの消費は少なくとも年に2億ガロン（約7億5700万リットル）にのぼった。

1933年12月5日、「高貴な実験」とも言われた禁酒法が恥辱《ちじょく》と化して終わると、本物のアルコール飲料が堰を切ったように市場に戻ってきて、国産品も輸入品もすぐに買えるようになった。ジンは多くの理由から優位に立っていた。密造や密売をしやすかったばかりか、熟成の必要もなかった。ウイスキー会社はすでに在庫品を廃棄しており、新たに蒸溜して熟成させるまでには時間が必要だった。1934年、ジンの需要を見越したゴードンはアメリカ国内初の蒸溜所を建設した。ギルビーも1938年にはアメリカ国内で蒸溜を開始し、今もその蒸溜所でジンをつくっている。カナダのシーグラム社も1939年にドライ・ジンの生産をはじめた。シーグラム・ジンは今もまだ北米市場を支配している。

●禁酒法廃止とマティーニ

フランクリン・デラノ・ローズヴェルト大統領が禁酒法を廃止する憲法修正第21条に署名したとき、こう冗談を言ったという。「さあ、今がビールにぴったりの時間じゃないかな」。実際には、ローズヴェルトはマティーニが大好きだった。ただし伝説によると、彼が好んだマティーニは客のだれもが口にしたことがないほど最悪のものだったらしい。それでも、アメリカの大統領がいつもマティーニを飲んでいたという事実――親しみをこめて「子供たちの時間」と呼んでいた時間に、みずからスタッフのためにマティーニをつくることまでしていたという――は、マティーニの運命にとっては悪いことではなかった。

アメリカのジンについて見ていくときには、ジンとの関係からしてマティーニのことも必ず取り上げなければならない。だが疑問も出てくる——なぜマティーニはこれほど重要なのか？　マティーニが世界一有名なカクテルであり、もっとも議論の的になるカクテルだというのはほぼ間違いない。ジャーナリストで批評家のH・L・メンケンによると、マティーニは「ソネットと同じくらい完璧にできあがった、唯一のアメリカの発明品」なのだという。アーネスト・ヘミングウェイも、ドライ・マティーニを飲めることは男であることの証明のひとつだと述べている。

ラトガーズ大学の古典学教授ローウェル・エドマンズは著書『マティーニ、ストレートで *Martini, Straight Up*』（２００３年）のなかで、マティーニは特別なメッセージを送っていると力説している。彼の読み解いたメッセージは次のようなものだ。マティーニはまぎれもなくアメリカ的な飲み物である。都会の飲み物であり、都会風の飲み物であり、高い地位を象徴する飲み物である。男性の飲み物、大人の飲み物であって、子供の飲み物ではない。本質的に楽観的であり、「過去」に属する飲み物である。また、マティーニは多義的な存在である。文化的であると同時に野蛮でもある。統合すると同時に分離する。クラシックでありながら個性的である。敏感でありながらタフである。

エドマンズの鋭い見解と考え合わせると、ニキータ・フルシチョフがマティーニを「アメリカで最強の凶器」だと言ったのも不思議ではない。現在のドライ・マティーニはジンかウオッカでつくるが、禁酒法以前からフランクリン・D・ローズヴェルト大統領の時代までは、マティーニを頼むと必ずジンのマティーニが出てきた。

マティーニの進化の物語を完璧に検証することは不可能だ。大半が真偽の疑わしい話だからだ。イギリス人はマティーニをマルティニ・ヘンリー銃と関連づけ、イタリア人はスイート・ベルモットとドライ・ベルモットのメーカーであるマルティーニ・エ・ロッシ社に結びつけて考える。ニューヨーカーはマルティーニ・ディ・アルマ・ディ・タッジャという名前のバーテンダーが考案したと信じ、カリフォルニアにあるマーティネズ市は、マティーニはマーティネズ市が発祥の地だと言う。ほかにも数多くの話がマティーニ神話をあおっているが、由来を確定できる決定的な証拠は存在しない。

だが起源はともかく、マルティネスというカクテルがマティーニの原型だったことについては定説となっている。O・H・バイロンの『モダン・バーテンダーズ・ガイド *Modern Bartender's Guide*』（1884年）によると、マルティネスはマンハッタン・カクテルの一種で、ウイスキー、スイート・ベルモット、ビターズ、ガム・シロップが材料だった。ウイスキーの代わりにオールド・トム・ジン、ガム・シロップの代わりにマラスキーノ・リキュールを加えることもある。当時は甘めの味が好まれていたので、この元祖のドリンクも「ドライ（辛口）」ではなかった。

『カクテル・ブーズビーのアメリカン・バーテンダー *Cocktail Boothby's Ameri can Bar-Tender*』（1891年）にのっている「マティーニ・カクテル」もドライではない。このドリンクはオールド・トム・コーディアル・ジンとスイート・ベルモットを使うが、マラスキーノの代わりに、新たにアンゴスチュラ・ビターズとレモン・ピールを加える。カッペラーの『モダン・アメリカン・ドリン

クス *Modern American Drinks*』(1895年)もまだレモンを使っているが、オレンジ・ビターズも使い、「お客様がご要望ならば」マラスキーノ・チェリーも加えるようにと提案している。

ドライ・マティーニがいつどこで生まれたのかについては公式の記録がなく、どのドライ・ジンが使われたのかの記録もない。1880年代にニューヨークの有名なホフマン・ハウスでバーテンダーをしていたウィリアム・マルホールが、スイート・マティーニもドライ・マティーニも人気があると書き残している。何らかのドライ・ジンが実際に手に入ったのだろう。プリマス・ジンの記録によると、『スチュアートの極上のドリンクとそのつくり方 *Stuart's Fancy Drinks and How to Mix Them*』(1896年)にのっているレシピが、その後まもなく正式にドライ・マティーニとして知られるようになるものの最初の記録だという。このカクテルでは3種類の材料を使っている。当時すでに周知の商品だったプリマス・ジン、ドライ・ベルモット、オレンジ・ビターズだ。

禁酒法時代もマティーニは飲まれつづけた。ただし、おもな材料が「バスタブ・ジン」だったので少々奇怪な味に変わっていることが多かった。それでも、お金さえあればまだ本物のマティーニを飲めたし、いくらでも出てきた。このカクテルをとくに熱心に守ろうとしていたのが、ニューヨークの社交サークル、アルゴンキン・ラウンド・テーブルの参加者たちだ。ドロシー・パーカーやロバート・ベンチリーといった文学界の大物もいたこのサークルに人が集まっていたのはおもに禁酒法時代だったが、参加者みなが——多くの場合ジンを飲みながら——ウィットのきいた会話をかわすことで有名だった。魅力的な「イット」ガール(セクシーな若い女性)の典型だったパーカーは挑発的な発言で有名だ。「マティーニをちょうだい。せいぜい2杯ね。3杯だとテーブルの下にいることになるかも。4杯飲んだら、ホストの下にいるはめになっちゃう」。同様に、ベンチリーもこう言ったとされている。「この濡れた服を脱いでドライ・マティーニに着替えなくては」

第2次世界大戦中は、マティーニはじめ酒類全般が少しばかり低調になった。蒸溜所がおもに工業用アルコールを製造するようになったからだ。そして1950年代が到来すると、アメリカ人はどちらかというと品行方正なお堅い顔をみせるようになり、酒の好みもこうした傾向を反映することになって、やはりマティーニが当時の良識的な世代を象徴するものとなった。この頃のマティーニは、過去にとらわれない奔放で自由な空想力という以前のイメージに比べれば、地味で古風なカクテルとみなされていたのだ。実際、1970年代に入っても「スリー・マティーニ・ランチ（マティーニ3杯を飲むランチ）」がビジネスマンの定番だった。今でもテレビドラマシリーズ『マッドメン』でそのようすが描かれており、このドラマの洗練された上品な登場人物たちは、たいていタバコかカクテルグラスを手にしている。

こだわり派なら、ドライ・マティーニといったらジンのマティーニに決まっていると言うに違いない。しかしこの頃には、ウオッカ・マティーニの登場が目前に迫っていた。あまり知られていないがウオッカは1930年代からアメリカでもつくられており、ロシアからの移民がスミルノフ（スミノフ）という名前と製法を持ちこんだのがはじまりだった。だが当初はウオッカを飲むアメリカ人はごくわずかで、おもに東欧からの移民が故郷の味をもとめていたにすぎなかった。

◉外的襲来――ウオッカ

米国蒸溜酒協議会によると、1952年のウオッカはスピリッツ業界の売り上げのわずか1パーセントを占めているだけだった。だがヒューブライン社に買収されてからスミノフは積極的なマーケティングをはじめ、カリフォルニアをターゲットにしたモスコー・ミュールというカクテルを考案する。ウオッカとジンジャー・ビアーにレモン・スライスを添えたモスコー・ミュールは、ロサンゼルスのコックンブル・レストランでデビューを飾り、ほぼ何とでも合わせられるウオッカのニュートラルさがカリフォルニアで人気を博した。シーグラム社もこれに対抗するため独自のカクテルを考案、シーグラム・ジンとグレープフルーツ・ジュースを使ったカクテルを披露した。ただ皮肉なことに、このときシーグラムの考えた名前「シーブリーズ」は、今ではウオッカ・ベースのカクテルの一種の名前になっている。

1950年代初め、スミノフは「息をのむ美味しさ」キャンペーンを開始して大成功をおさめた。これは無味無臭というウオッカの特徴を前面に押し出したキャンペーンであり、飲んでも息が酒臭くならないウオッカはスリー・マティーニ・ランチにぴったりだというのだ。実際、早くも1951年刊の『ボトムズ・アップ！ *Bottom's Up*』というカクテルブックにはウオッカ・マティーニのレシピがあり、当時存在感を増していたことがうかがえる。

1950年にわずか5万ケースだったウオッカの売り上げは、1954年には100万ケースを超えるまでになった。1955年には「ウオッカティーニ」という奇抜な言葉がカクテル用語に加わっている。1960年代にはジェームズ・ボンドの映画が次々と公開されたが、映画の007はどこへいっても、たいてい「ステアせずシェークして」と言ってウオッカ・マティーニを頼んだ。このようなシーンが生まれた大きな理由は、スミノフが映画製作者にせっせと働きかけ、ジンの代わりにウオッカを使ってもらうという抜け目のないマーケティングを続けていたからである。

皮肉なことに、1953年に出版された小説のボンドシリーズ第1作『カジノ・ロワイヤル』では、ボンドはジンとウオッカの両方を使った自作のカクテルを飲んでいる。ただし、ウオッカの少ししか使わない。後にヴェスパーと呼ばれるようになるこのカクテルは、ジン3、ウオッカ1、キニーネで風味づけしたアペリティフワインのキナ・リレ0・5の割合で混ぜたものだ。心から愛したヴェスパー・リンドに裏切られたボンドは、ヴェスパーを二度と口にしなかった（あるいは、単に読者に受けなかったからとも思われる）。しかしごく最近は、カクテル通の熱意のおかげで、長いこと埋もれたままだったヴェスパーもふたたび日の目を見ている。

スミノフはウオッカの長所を世間に教え、ジェームズ・ボンドはウオッカにアイデンティティを与えた。冷たく危険な誘惑、というイメージだ。これにはジンは太刀打ちできなかった。ウオッカの「カクテル」が少しずつバーのメニューに登場しはじめ、ジン・トニックがウオッカ・トニックになり、スクリュードライバーとブラッディ・メアリーが幅をきかすようになった。もちろんジンも対抗し、刷新をはかろうといくつか小さな試みをしたものの、ジンとジンベースのカクテルはもう余命いくばくもなかった。

ウオッカの売り上げは１９６０年代をつうじて増えつづけた。ウオッカは若い世代にはうってつけだった。彼らは味にあまりうるさくなく、過去の世代とは違うところを見せたがっていた。彼らにとってジンは、時代遅れで香りがきつすぎる。逆にウオッカは、そもそも「ニュートラル」で、いわば「土台《ベース》」ではなく「パイプ役」だった。ウオッカを飲んでも、アルコールを飲んだという感じが露骨に出ないことに人々は驚いた。とくに女性は、飲んでも息で気づかれたりしない点を歓迎した。こうして１９７０年には、ウオッカはジンに代わってアメリカで一番人気のあるスピリッツになった。しかし――歴史にしばしばそのような例があるように――ジンはいつまでも日陰の存在のままではなかった。21世紀がはじまると、ジンはふたたび脚光をあびるようになる。

第6章◉ジン・ルネサンス

ジンにかぎる。シャンパンなんかただのジンジャーエールだ。そんなものだれかさんにまかせとけ。

——映画『M★A★S★H マッシュ』

現在、ジンとジュネヴァは驚くべきルネサンスを迎えている。おそらくどのスピリッツよりも大きなブームだ。21世紀に入ってからというもの、30種以上の新しいジン・ブランドが市場に参入した。ビーフィーターやタンカレーのような保守的なイギリスの蒸溜所がそのクラシックな製品を現代的に解釈した製品を発売する一方、アメリカでは伝統にとらわれないボタニカルを用いた少量生産のクラフト・ジンが数多く生まれている。ジュネヴァの領域にふみこんだ、アメリカでは初めてのオランダ・スタイルのジンをつくっている会社もある。これに負けまいと、イギリスでもブティック・ディスティラリーと呼ばれる専門の小規模蒸溜所が次々とでき、オールド・トムのような今はもうどこも手がけていないようなスピリッツを復活させたり、新しいスタイルを創造したりしている。

現在のボルス・ジュネヴァのボトル。アメリカをはじめとする新しいカクテル文化に対応し、ボルスはアメリカとイギリスの市場にむけてこのボトルをつくった。

これらに比べるとオランダは、ジンとは生来の結びつきがあるものの、ジュネヴァのイノベーションにはあまり積極的ではない。しかしボルスは、オールド・スタイルに対する世界的な関心の高まりに目をつけ、とくに要望の声が高いアメリカとイギリスの市場にむけたジュネヴァを発売している。

●ジンの凋落

ジンにとって、スピリッツの世界でその地位を回復するまでの道のりは容易ではなかった。20世紀末まで、アメリカのジン業界にはごく少数の国産ブランドがあるだけで、しかも注目に値するようなブランドは皆無といった状況だった。1990年代に入るまではゴードンやビーフィーターといったロンドン・ドライ・ジンをはじめとする大量の輸入品が頼りだったのである。

禁酒法の廃止後、奇想を凝らしたカクテルはもっと実用本位のドリンク――材料が少なくてすむ地味なドリンク――に脇に追いやられた。もちろんマティーニの人気は続いており、1940年代のアメリカ人はジン・トニックも知るようになるが、バーで出すトニック・ウォーターがとんでもなく高かったために、ジン・トニックは上流階級のものだとみなされた。しかしトニック・ウォーターの価格が下がるとジン・トニックの人気も高まった。そして1960年代初めには――ジョン・F・ケネディ大統領のお気に入りだったこともあって――ジン・トニックは以前より洗練されたオーラをまとうようになる。

第2次世界大戦中、ジンの生産は戦時協力のあおりをうけて縮小された。本物の酒が不足しているので、兵士たちは独創的な飲酒方法をみつけだした。ジェイムズ・ジョーンズの小説『シン・レッド・ライン』〔鈴木主税訳/角川文庫/1999年〕には、兵士がアクア・ヴェルヴァというブランドのアフターシェーブローションとグレープフルーツ・ジュースを混ぜて、「トム・コリンズにかなり似た」飲み物をつくる場面がある。また、高速哨戒《しょうかい》魚雷艇の乗組員は魚雷燃料用のアルコール「トーピドー・ジュース」をそのまま飲んでいるという噂もあった。

とはいえ第2次世界大戦中は、イギリスの蒸溜所のほうが大きな痛手を受けた。アメリカの蒸溜所と同じくイギリスでも、蒸溜所は工業用アルコールをつくるよう軍から命じられていたのである。そうしてつくられた製品は、ふざけ半分に「ヒトラー用カクテル」と呼ばれていた。ドイツ人

ゴードンの輸出用ジンの出荷場（1930年代頃）

はこのユーモアがわからなかったようだ。

1941年5月11日、ドイツ軍がゴスウェル・ロードを空爆し、ゴードンの蒸溜所全体がひどく破壊された。だが驚いたことに、まだ爆弾が降りそそぐなか、蒸溜所の従業員たちは仕事場に戻って焼夷弾の消火にあたり、翌日の蒸溜のための作業をやりきったという。ゴードンの蒸溜所は再建まで何年もかかり、再建中は生産拠点がスコットランドなど別の場所に移された。

ゴードンに比べれば、プリマスはまだましだった。1942年、ドイツ空軍がブラック・フライアーを襲ったものの、蒸溜所は生き残った。空襲の一報を受けたイギリス海軍省が全艦隊にこれを連絡し、それを聞いたマルタ島駐留の将校が、ドイツ軍の船を撃沈するか飛行機を撃墜するかした者にはプリマスを1びん贈ることにしたという。

1960年代にウォッカが台頭し、1970年代にドリンク市場を支配すると、ジンはイギリスでもアメリカでも過去の遺物とみなされるようになった。さらに1976年には、アルコールに対するアメリカ人の考え方が大きく変わりはじめる。大統領候補のジミー・カーターが選挙運動のなかで、実業家の「スリー・マティーニ・ランチ」を非難したのがきっかけだった。カーターが言うには、実質的に非富裕層から富裕層へと金が流れることになるような不公平な税法があるから、富裕層はそういうランチを楽しめるのだという。結局カーターが選挙に勝って大統領に就任し、実業家たちはランチタイムの飲み物を考えなおしはじめた。

1980年代になると、アメリカはまた新しい考え方を受け入れた。アルコール依存を招く行動が強く問題視されるようになり、エクササイズ・ブームがはじまった。いわゆる「デザイナーウォーター」「ブランドもののミネラルウォーター」が新たなカクテルになった。1985年の『タイム』誌の記事は、マティーニを「おもしろい骨董品」だと断定している。

●ジンの帰還

1987年、ボンベイ・サファイア・ロンドン・ドライ・ジンの発売で、スピリッツの世界に静かな革命が起きた。このジンは、ブルーの四角いボトルが目をひくだけでなく、使われている10種のボタニカルをはっきりと説明していた。それまでジン業界はレシピを極秘にしてきたのだが、こ

ボンベイ・サファイア・ロンドン・ドライ・ジンのボトル。独特の青いガラスに加え、側面におもなボタニカルを刻んだ点が革命的。

のジンは大々的に表明したのである。ボンベイ・サファイアの風味は、それまでのロンドン・ドライには見られないほど柑橘系が強かった。ジュニパーが際立つ典型的な味から遠ざかることで、ジンを飲まない人々をつかんだのである。ジンのイメージチェンジは可能だということを、ボンベイ・サファイアは大胆に証明して見せた。こうして革命がはじまったが、スピリッツの世界でジンがふたたび主役になるには、もう10年待たねばならなかった。

イギリスには最高級のジンをつくってきた歴史があるが、アメリカにはない。フライッシュマンズが「アメリカ初のジン」と広告で銘打ったものがまだつくられているが、これは高級な輸入品と競合する位置づけではない。アメリカでもっとも売れているジンは、もともとはカナダのシーグラムだ。やはり以前はイギリスのブランドだったギルビージンとブース・ジンは、今はもうイギリス国内では生産しておらず、現在はアメリカの忠実なファンに向けてアメリカ国内でボトリングしている。ただし、伝統的な輸入品や現在のアメリカのクラフト・ジンに比べれば、これらはどれも本質的には「バーゲン」ブランドだ。1960年代から90年代にかけては、洗練されたジンを飲みたいと思ったら輸入品のロンドン・ドライしかなかったのである。

一方、バーテンダーの世界には新しいタイプが現れはじめていた。1970年代のロンドン、若き日のディック・ブラッドセルはクラシックカクテルを研究し、缶詰ではなく新鮮な材料を使うべきだと唱え、向上心のあるイギリスのバーテンダーを世代を問わず指導することまでした。アメリカにもブラッドセルに相当するバーテンダーがいた。デール・デグロフだ。5章でふれたジェリー・トーマスのマニュアルを指針としたデグロフは、1980年代のニューヨークのレインボー・ルームというバーでクラシックなドリンク・メニューをいくつも生み出した。ジェリー・トーマスのレシピの特徴は自家製のシロップと新鮮な柑橘類を使うことであり、いわば料理人の視点をドリンクの調合に落としこんだわけだが、デグロフはその哲学を取り入れたのである。客たちはたちまちデグロフの信者になったという。

古風なカクテルをなつかしむ風潮は、最初は1990年代のスウィング・カルチャーとともに広がった（当時、1930～40年代の映画やダンスや音楽が若い世代に人気があった）。次に、カクテルラウンジに集うような人々、しかも「ラット・パック」「ジャズ・ポピュラー歌手のフランク・

ゴードン・ジンの広告（1960年代）。このような広告で表現されたエレガンスとスタイルが、1990年代に新世代のジン愛好家を生んだ。

シナトラを中心とする、芸達者な歌手・俳優・コメディアンなどのグループ」の軽くて不遜な態度が好きだという人々が、そうした風潮の担い手になった。当時はドライなジンのマティーニが「王様」だったことから、ふたたびジンが主役の座へむかいはじめたのである。

英国ジン＆ウオッカ協会によれば、イギリス製のジン（とウオッカ）の輸出は１９９５年から２０００年にかけて40パーセント以上増加したという。この時期は、ボタニカルの使い方や蒸溜の仕方でいくつか興味深いイノベーションがあった時期でもある。具体的には、ボタニカルをグレーンスピリッツに浸漬《しんし》する〔液体に浸す〕か／それとも香味成分を気化させるか、すべて一緒にして蒸溜するか／それとも別々にするか、等の技術開発である。ジンに使えるボタニカルは、実は２００種類以上ある。ドライ・スタイルの３大ボタニカルとは、伝統的にはジュニパーとコリアンダーとアンジェリカであるが、その他の要素がドライ・ジンの差別化には重要なカギとなる。

みずみずしい松の木にも似た特徴をもたらすのはジュニパーだ。これでジンが「ドライ」となる。ドライとは、要は「甘味成分を加えていない」という意味であり、ひいては「甘くない」「辛口だ」という意味にもつながる。ジュニパーを増やせば増やすほどジンは辛口に、つまり「ドライ」になる。一方、果皮でも果皮以外でもよいが、何らかの柑橘類を加えると、よりフルーティで甘味を感じるジンになるので、辛口でないという意味では、「ドライ」ではなくなるのである。コリアンダーは、エレガントだが力強いレモンあるいはオレンジのような風味がするが、本物の柑橘類を加えた場合のような甘味はなく、ジュニパーの刺激的な風味を調整できる。そして、ジュニパーとコリア

ジンのボタニカル各種。左上から時計回りに、オレンジ・ピールとライム、アーモンド、フェンネル・シード、シナモン、ナツメグ、ジュニパー・ベリー、コリアンダー・シード、カルダモン、クベバの実。

ンダーにアンジェリカを合わせると、アンジェリカのわずかに甘くウッディーな根が「つなぎ」の役割を果たし、ジュニパーとコリアンダーの風味が調和する。

この3種のボタニカル以外に、スパイシーな方向へむかうならシナモン、ジンジャー、カッシア、クベバの実、グレインズ・オブ・パラダイスを使う。芳香の強いジンにするには、オリスルート（ニオイイリスの根）を加える。フルーティな風味が強いスタイルにしたいときは、柑橘類を前面に出す。伝統的なロンドン・ドライ・ジンとオランダやベルギーのジュネヴァでは、圧倒的なジュニパー・ベースにしなければならない。これらのジンは今まで必ずこのようにしてつくられてきたからだ。この点が、旧来型のジンと新しいタイプのジンの大きな違いとなる。新しいタイプはジュニパー以外のものを柱とし、異端とも言えそうな材料を試している。

ジンの蒸溜の秘訣は、こうしたボタニカルの香味成分の抽出方法にある。ロンドン・ドライなどドライ・スタイルのジンでは、ボタニカルを全部一緒にふやかしてから、その混合したボタニカルを一定時間スピリッツに浸す。EUの定義では、ロンドン・ドライはボタニカルを全部一緒にしてスピリッツを蒸溜しなければならず、各ボタニカルごとにスピリッツを蒸溜してはならない。

ボンベイ・サファイアは、カーターヘッド・スチル蒸溜器という特別な蒸溜器を使いヴェイパー・インフュージョンという製法でつくられた最初のジンだ。この製法では、ボタニカルを全部まとめてスチル内の銅製のバスケットに入れる。すると蒸溜中に、液体のスピリッツが気化した蒸気がこのボタニカルを通過して、ボタニカルの香味成分がしみこんだ（インフューズされた）蒸気（ヴェイパー）になる。その蒸気を冷却してまた液体に戻す。同社によると、この技術はボタニカルをスピリッツに浸す方法よりもデリケートでむずかしい。野菜を蒸すほうが、ゆでるよりも注意を要するのと同じだ。だからこそ、絶妙な、バランスのとれた味わいの製品ができるのだという。

アメリカのジンが現代的なジンと言えるものになったのは１９９８年である。アメリカ製のプレミアムなジンの第1号は、アンカー・ディスティリング社のジュニペロだ。同社は二番煎じをするつもりはなかったので、ドライ・スタイルでクラシックなボタニカルを使った。大きな違いは、独特の職人技の蒸溜法にある。大量生産するのではなく、小さな銅製のポットスチルを用いて手作業で蒸溜した。このジュニペロが、以後続々登場するマイクロ・ディスティラリーという超小規模な蒸溜所の基準となった。こうした小規模な蒸溜所は、その特徴として手作りであることを強調している。

一方、アメリカ市場の輸入ジンで長年トップに君臨してきたタンカレーは、ジュニパーが前面に出た力強い風味で知られているが、２０００年にタンカレーナンバーテンをアメリカ市場に投入し、伝統的なジンのルールを完全に打破した。賢明なことに、この製品はみずからをロンドン・ドライだとは言わなかった。アメリカ人の好みに合わせてつくったナンバーテンは、ボンベイ・サファイアを踏襲してはいるものの、ボンベイ・サファイアよりも軽く、果実味が前面に出ている。ホワイト・グレープフルーツ、オレンジ、ライムもふくむ手摘みのボタニカルを別々に蒸溜してから、伝統的な「ドライ」のボタニカル、さらにはカモミールと生のライム・スライスを加えて再蒸溜する。

こうして2度蒸溜するので、ナンバーテンはロンドン・ドライとは名のれない。しかしスムースで甘めの柑橘系の風味が受けて、たちまち大成功をおさめた。2007年にはふたたび柑橘系の要素を利用し、タンカレー・ラングプールを発売している。これはラングプール・ライムという貴重な柑橘類を際立たせたものだ。

●クラフト・ジン

ボンベイもタンカレーも大手の老舗蒸溜所だ。アンカー社もアメリカで長年ビールを製造してきた歴史がある。現代のジン革命に本当に弾みがついたのは、ヘンドリックスという名前の新しいスコットランド産ジンが一気に脚光を浴びてからである。アメリカでは2000年に、イギリスでも2003年に発売されたヘンドリックスは、ロンドン・ドライのスタイルと製法をあえて避け、ボタニカルのヴェイパー・インフュージョンと浸漬《しんし》を組み合わせて、デリケートかつバランスのとれた少量生産のジンを生み出した。伝統にまったくとらわれず、キュウリとブルガリア産バラの花びら、ニワトコの花とカモミールを加えたことで、ジンはこうあるべきだという概念を一変させた。

本質的には、ヘンドリックスの登場が実験的な蒸溜所の出現をうながすことになった。新興のクラフト・ジン生産者に微妙な刺激を与えたのだ。そうしたジンメーカーは、さまざまな花やスパイスなど、正統派からははずれたボタニカルを研究しはじめたばかりか、個性的なジンをつくるために独自の蒸溜方法もためしている。コールド・ディスティレーションや、ボタニカルを細分化して

現代的なボタニカルの一部。上段はケシの実、カモミールの花。中段はキュウリ、サフラン（上）、スイカズラの花（下）、バラの花びら、茶葉。下段はラベンダーのつぼみ、キャラウェーシード。

から蒸溜するという手法だ。

　新しいボタニカルが大量に登場するなか、こうしたジンをどう定義するかという問題はまだ解決されていない。基本的にはこれらの大部分はクラフト・ジンであり、たいていは手作業の多い工程で少量ずつ生産される。これとは逆に、ゴードン、タンカレー、ビーフィーターのような企業は、非の打ち所がない品質のジンをつくりながらも、量販市場向けに大量生産している。デイヴィッド・ワンドリッチは、ロンドン・ドライ、プリマス、オールド・トム、ジュネヴァのカテゴリーに入らない多様なジンをまとめて「インターナショナル・スタイル」と呼んでいる。

　アヴィエイション・ジンという会社は、自社製品を「ニュー・ノースウエスタン・ドライ・ジン」と自称している。「ドライ・ジン」と名乗るからにはジュニパーをボタニカルの中心にすえなければならないものの、「ロンドン・ドライ」ではないため「脇役のボタニカル」の使い方はかなり自

アヴィエイション・ジン。北米の太平洋側北西部でつくられている新しいタイプのジン。ニュー・ウエスタン・ドライ・ジンというカテゴリーに属するとされている。

在であり、「芸術的な『フレーバー』の自由」のようなものが生まれている。ロンドン・ドライの定義にこだわる人には、このいささかあいまいな説明はひんしゅくを買うかもしれない。とりわけ、こうしたさまざまな現代的ボタニカルは、どうしてもほのかな甘味をジンに加えてしまいがちになるからだ。しかしフィラデルフィアのブルーコート・アメリカン・ドライ・ジンのように、「アメリカン・ドライ・ジン」という言葉を使っているものはほかにもある。なお、この言葉はロンドン・ドライというカテゴリーの単なるもじりである。

●伝統にとらわれない広告宣伝

1980年、アブソルート・ウオッカが画期的な「アブソルート・パーフェクション」キャンペーンを開始した。ボトルとキャッチフレーズだけを提示するというものだった。以来、同社は同様の広告を多数打ち出してきた。アブソルートのボトルやそれを思わせる形の物体の画像にキャッチフレーズを補足するだけの広告だ。その多くは、掲載する雑誌に合わせた広告で、たとえば『プレイボーイ』誌には「アブソルート・センターフォールド」、『ニューズウィーク』誌には「アブソルート・シティーズ」がのった。ただし、その人目をひく広告は、明らかに最初のアイデアの使いまわしである。

ボンベイ・サファイアを発売したとき、ボンベイ社はこの分野で戦うだけでなく、この分野を征服せねばならないと自覚していた。だから当初からアート界と手を結び、世界に通用するえり抜き

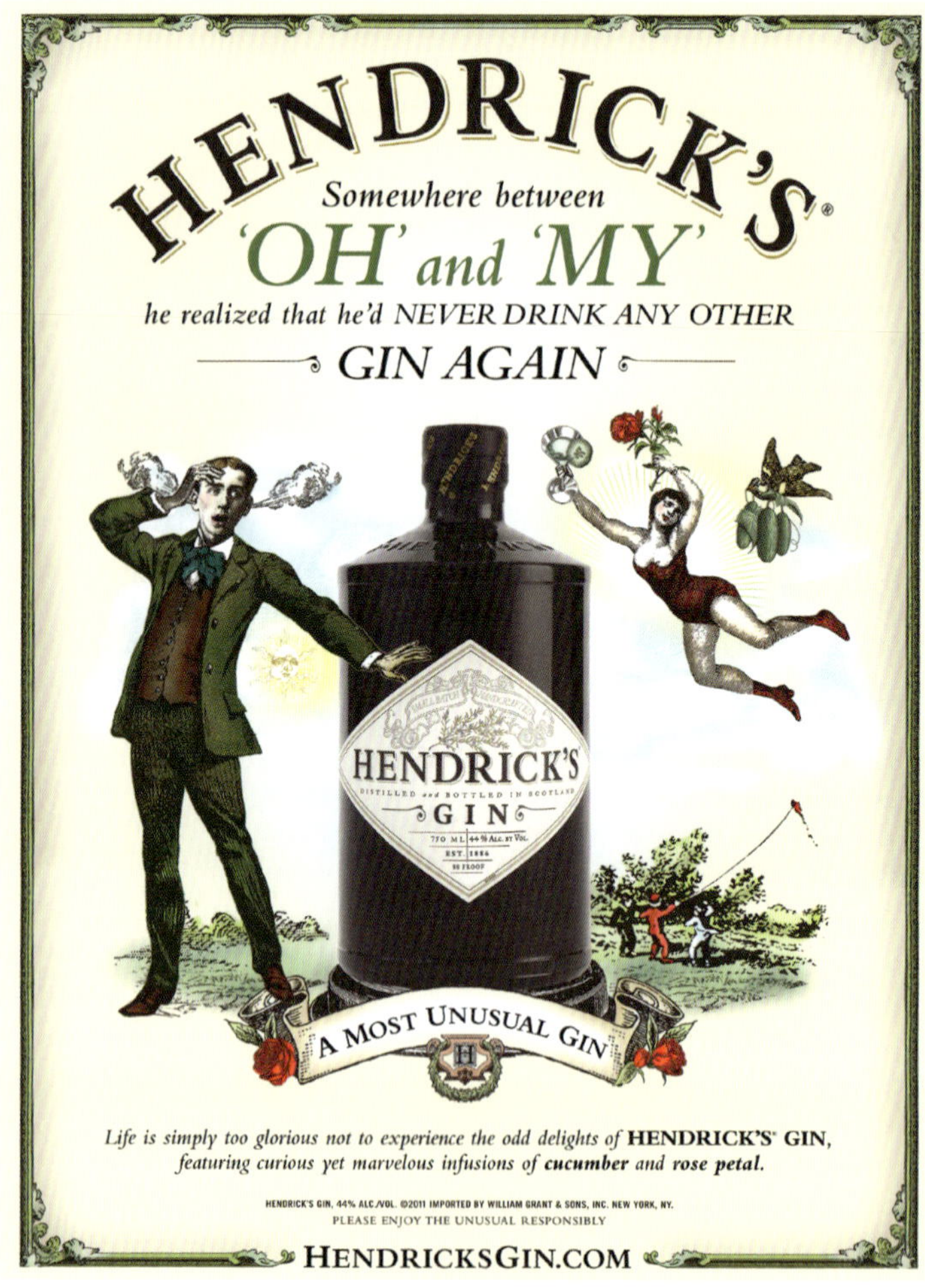

現代のヘンドリックス・ジンの広告。レトロな表現がジンの黄金時代を思い出させる。

の広告スタイルをつくってもらいたいと求めた。キャンペーンでは、さまざまなデザイナーがボンベイ・サファイアの青いボトルをひきたたせる個性的なサファイア調の「アート」を創作した。エマ・ガードナーの青いペイズリーのファブリック、トルド・ボーンチエによる花をモチーフにした凝った照明デザイン、カリム・ラシッドのカクテル・グラスなどが広告に用いられている。

またヘンドリックスも、当初から因習の打破を自任していた。同社の冗談めいたキャンペーンでは、ヴィクトリア朝風の男女が、たいていはキュウリを手に、やんわりとエロチックな状況で登場する。ボンベイ・サファイアと同じく、ヘンドリックスも独自のボトルデザインで差別化をはかった。昔の薬びんのようなどっしりとした黒いガラス製ボトルは、レトロなコルク栓、ひし形のラベルとあいまって過ぎ去った時代を思い出させる。

一方マーティン・ミラーズ・ジンは、「新しい正統派の本物を求める人々」をターゲットに、クラシックとモダンの融合を強調した。ゆえにこのアイデアを表現している広告も、新しいものと古いものを組み合わせたものとなっている。堂々としたハスキー犬とピンクのプードル、ファンキーなハイカットのスニーカーとオックスフォード・シューズ、革製のソファと唇の形をしたソファといった対照的な組み合わせの真ん中に、マーティン・ミラーズ・ジンのボトルが置かれている。

斬新なパッケージを採用したジン会社はまだまだある。ブルドッグ・ジンは伝統的なドライ・ジン・スタイルでつくられているが、ボトルは男性的な艶消しのグレーで、首の部分はスパイクのついた「犬の首輪」になっている。由緒あるプリマスでさえ、おなじみの修道士が描かれた旧来の丸

タンカレー・ジンの「トニー・シンクレア」の広告（2005年）。このキャンペーンは流行の先端を行く世代のジン愛飲者に訴求するために考案された。

みのあるボトルのデザインを、すらりとした現代的なスタイルに変えている。

とりわけタンカレーは、こうした新しい顧客の開発努力を象徴する存在だ。1994年、人気ラッパーのスヌープ・ドッグがシングル曲「Gin and Juice」をリリースした。その歌詞にはシーグラムのRTD（購入後そのまま飲める飲料。Ready To Drink）カクテルが出てきたが、このカクテルは都市部をターゲットとした製品だった。同時にスヌープのこの曲では、タンカレーも名指しで出てくる。タンカレー社はこれに注目したようだ。1999年、タンカレーは広告キャラクターとして5年間使用してきた威厳ある架空の紳士「ミスター・ジェンキンス」を引退させた。そして2000年、同社はマラッカジンを発売した。マラッカジンのスパイシーで果実感の強い風味は、アフリカ系アメリカ人の市場をターゲットにすえたものだった。しかし残念ながら、このジンは通《つう》のあいだでは少数ながらファンを獲得したものの、発売から数年で生産中止となった。

2005年、タンカレーはアメリカでは同社初となるテレビコマーシャルを流した。「トニー・シンクレア」という名の洗練された若い黒人男性キャラクターを登場させたコマーシャルだった。ミスター・ジェンキンスとは大きく違い、流暢なイギリスなまりとクールな決めぜりふ「レディ・トゥ・タンカレー？（タンカレーでもどう？）」のシンクレアは、あきらかにそれまでの顧客層よりも若くてクールな、人種的にも多様な顧客に訴求することを目指していた。

◉オールド・スタイルの復活

現在、ジンの世界でおきている大きな変化にともなって、とくにアメリカの市場では、禁酒法以前のスタイルのジュネヴァやオールド・トムのような甘味を加えたジンがふたたび現れてきている。忘れられてしまったカクテルブックのなかへ長いこと追いやられていたこれらのジンは、いくつかの理由から人気が復活しつつある。

この10年間で、人々のカクテルに対する見方が大きく変わった。これはおもに、デール・デグロフやディック・ブラッドセルのようなカクテルの達人、そして彼らに師事した新世代のバーテンダーたちのおかげだ。ジェリー・トーマスの有名なガイドブックにあるようなクラシック・ドリンクを発見しはじめたバーテンダーたちは、そのレシピに必要な特定のジンがそれなりに復活するのを望んだ。

デグロフやデイヴィッド・ワンドリッチのような人々は、もう何年もさまざまなジン生産者にそっとシグナルを送りつづけ、こうした旧世界のレシピを受け入れる顧客がいることをはっきり伝えてきた。カクテル文化がどう変わったかを示すバロメーターは、こうした復活したジンの登場にも見てとれる。

ヘイマンズ、ジェンセン、ランソムなど、オールド・トムのなかにはすでに市場に出回っているものもある。ロンドンのドーチェスター・ホテルは、18世紀のレシピをもとに、ヘンドリックスの生

現代のランソム・「オールド・トム」・ジンのボトル。初期のジンのスタイルを受け継いだことを示すため、ボトルも古風なデザイン。

産者ウィリアム・グラントが同ホテルのためだけにつくったオールド・トムを出している。

伝統的な自家製果実酒スロー・ジンも、ゴードン、プリマス、ヘイマンズがつくっているものがイギリスで買える。最近ではプリマスがスロー・ジンをアメリカ国内でも販売するようになった。スロー・ベリー（スピノサスモモの実）でつくられるスロー・ジンは、スロー・ジン・フィズのようなカクテルで使う。プリマスもダムソンスモモで風味づけしたダムソン・ジンをつくっている。

オールド・トムや果実系のジンにくわえ、ジュネヴァも復活を果たしつつある。2007年にはアンカー・ディスティリング社が、現代のアメリカ産ジュネヴァ第1号となるジェネヴィーヴ・「ジュネヴァ・スタイル」・ジンを発売した。その直後、ボルスもアメリカとイギリスの市場にむけて現代のジュネヴァを生み出した。オールド・スタイルの正統派ジュネヴァをつくろうと、モルトワインの個性を強く出しているので、本物のオランダ・ジンのあかしであるウイスキーのような要素が再現されている。２０１１年の終わりにも、同社はバレル・エイジド・ジュネヴァという新製品を出した。これはフランスのリムーザン地方のオークを使った樽で18か月間熟成させたもので、より複雑な風味が特徴となっている。

●若いジュネヴァと古いジュネヴァ

皮肉なことに、ジュネヴァ文化は本場オランダとベルギーでは、アメリカやイギリスのようには盛り上がっていない。１９５０年代以降、両国とも「ヨンゲ jonge」（オランダ語で「若い」の意）というジャンルに分類されているウオッカのような淡白なジュネヴァが市場を支配している。それどころかオランダでは、ヨンゲの１ブランドだけでウオッカ全体よりも売り上げが多く、年に３００万ケース以上が売れている。ヨンゲとはモルトワインを含まないという意味であり、製品の年齢を指すわけではない。モルトワインの含有量が高い「アウデ oude」（オランダ語で「古い」の意）つまりオールド・スタイルのジュネヴァもまだあるが、こちらを飲むのは「本格的」な酒飲みだけだ。ほかにも2種類の分化したカテゴリーがある。「コーレンウェイン Korenwijn」つまりコーンワイン・ジュネヴァは、モルトワインを51パーセント以上含まねばならないと法律で規定されている。また法律上の定義があるわけではないが、「マウトウェインイェネーフェル moutwijnjenever」

つまりモルトワイン・ジュネヴァも、一般にモルトワインを51パーセント以上含む。これもジェリー・トーマスのレシピにあるスタイルのジンだが、今ではごくわずかしか出回っていない。

今も正真正銘のオールド・スタイルのジュネヴァがみられるのは、スヒーダムにあるジュネヴァ博物館だ。ここでは、モルトワイン100パーセント、アルコール度数40パーセント、そして賢明にもジュニパーだけを唯一のボタニカルとして用いた、オールド・スヒーダム・ジュネヴァを製造している。また、このジュネヴァがほかと違う点は、最初にバーボンを満たした樽を使って3年間熟成させていることだ。ほかにも、ルッテ社やズイダム社などの小規模な生産者が上質のジュネヴァをつくっている。

ベルギーでは、質量ともに市場を支配しているのが1880年創業のフィラーズだ。ただし、

オールド・スヒーダム・ジュネヴァ。オランダのスヒーダムにあるジュネヴァ博物館だけで買うことができる。このレシピは、正真正銘のヨーロッパのジュネヴァだ。

アントワープのホテル・酒場・レストランの労働組合が出版した政治風刺漫画。ヴァンデルヴェルド法をからかっている。1919年頃。

20世紀以降のジュネヴァの評判はさんざんなものだ。安い酒ゆえに飲みすぎる人が続出したうえ、ジュネヴァは下層階級のものだと思われるようになってしまったのだ。一日じゅう外で働く労働者は、朝、元気づけにジュネヴァを1杯あおって仕事をはじめ、工場労働者も、工場主のカフェで給料を受け取ると、そのままそこで金を払ってジュネヴァを飲むということが多かった。

第2次世界大戦中は、ナチの軍隊がジュネヴァ生産用の銅製蒸溜器を没収して弾薬を製造した。これは、公共の場で蒸溜酒を出すことを禁じた1919年のヴァンデルヴェルド法によって衰弱していたベルギーのジュネヴァ製造業にとっては、死を告げる鐘のようなものだった。今でも、ベルギーのジュネヴァの中心地ハッセルトでさえ、複数のタイプの「アウデ」・ジュネヴァを置いているバーはめったにない。そのかわり、ブランデーやウオッカのような世界中にあるスピリッツとならんで、実質的には果実風味のシュナップスであるフルーツ・ジュネヴァが新しい世代には大人気だ。彼らは本物のジュネヴァを知らない世代なのである。

最近になって、ジュネヴァはEUから保護の対象とみなされるようになった。ジュネヴァというラベルをつけて販売できるのは、オランダ、ベルギー、フランス最北部のノール＝パ・ド・カレー地域、ドイツのノルトライン＝ヴェストファーレン州とニーダーザクセン州で生産されたジュネヴァだけに限る、という産地呼称統制下に入ったのである。さらに厳密に言えば、ヨンゲとアウデのジュネヴァは、そうラベルに表記して販売できるのは、オランダ産とベルギー産だけだ。また、ジュネヴァはスローフード協会から「味の箱舟」として認定された。これは、「絶滅の危機にひんしている」食べ物や飲み物を指定し、それらを守ろうとするプロジェクトである。

●その他の地域のジン

イギリス、アメリカ、オランダ、ベルギーといったジンの中心地以外でも、ジンは数多くの国々で強く支持されている。たとえばフィリピンは世界最大のジン生産国であり、年に約5000万ケースも飲む世界一のジン消費国でもある。フィリピンが輸入するジンはごくわずかだが、それでもギルビーは世界全体での年間生産量の95パーセントをフィリピンで販売している。フィリピンのトップブランドはヒネブラ・サン・ミゲル・プレミアム・ジンだ。ほかに、ジン・ブラッグというブランドもある。ブラッグとはタガログ語で「盲目」あるいは「だれかを盲目にする」という意味だから、「ジン・ブラッグ」は「盲目にするジン」というかなりドラマチックな名前である。フィリピンでは、生活の中心とまではいかないにしても、アルコールは日々の暮らしに欠かせない要素だ。友人同士で自宅の前や街頭に集まってはジン・トニックや炭酸なしのレモンライム・ミキサーを飲む光景がよく見られる。どちらもジンをストレートで飲むより安くあがる方法だ。

　世界のジン市場では、スペインがフィリピンに次ぐ世界2位の消費国で、ヨーロッパ大陸では最大の消費国だ。主要ブランドはラリオスだが、このジンのボトルはゴードンジンそっくりにまねてある。売り上げ世界第4位のジン・ブランドであるラリオスは、ジン・ラリオス・コン・コカ・コーラというカクテルのベースとしても使われる。ラリオス・ジンとコカ・コーラの組み合わせは1960年代に登場し、今もなお人気がある。スペイン沖のメノルカ島では、ショリゲル・ヒン・デ・マオンというジンがつくられている。イギリスの植民地だった頃の名残であるショリゲルは、

ショリゲル・ヒン・デ・マオンというジン。ラベルにはメノルカ島に点在する風車が描かれている。

ロンドン・ドライの老舗ブランド、グリーナルズがつくっている人気の缶入りジン・トニック。どこにでも持っていける既製品カクテルの新種。

プリマスを別にすれば、生産地の地名を名前に持つ唯一のジンだ。

急成長を見せているインドのジン製造業も、イギリスの植民地主義が発展の大きな要因となった。ジンを飲む外国人が殺到するのを目の当たりにした商魂たくましいインド企業が、独自のジンをつくりはじめたのだ。今では、ジンはどちらかというと女性的な酒だとみなされているが、ジンの会社もバーテンダーも、そうした認識を変えようとしている。たとえば、1959年から生産しているマクダウェルの「ブルー・リバンド」・ジンは、インド国内のジン市場の約半分を占める。インドではギルビージンもライセンス生産されており、ボンベイ・サファイア・

ジン、ゴードン・ジン、ビーフィーター・ジンも存在する。

ウオッカの本場である東欧では、ジンは驚くような形で登場する。ロシアでは、いわゆるＲＴＤのグリーナルズ［ロンドン・ドライの老舗ブランド］の缶入りジン・トニックが、朝の通勤中に飲まれている。ポーランドでも、18世紀にオランダ人水夫がもちこんで以来ジンを飲むようになった。もっとも人気のある国産ブランドはジン・ルブスキで、ＲＴＤのルブスキ・ジン・トニックもつくられている。

ウガンダには、ワラギ（Waragi）・ジンがある。この名前は「ワー・ジン war gin」に由来する。１９５０年代と60年代に、イギリスからの移住者がウガンダの「エングリ」という酒をこう呼んだのがはじまりだった。ワラギはさまざまな地元産作物からつくることができ、バナナやサトウキビも使われる。「バナナ・ジン」と呼ばれることが多いが、評判はかんばしくない。アルコール依存症になりやすく、粗悪なために多数の死者が出ているからだ。２００８年、リラ市選出の国会議員ジェームズ・アケナが、ワラギ・ジンのもっと生産的な使い方を呼びかけるデモンストレーションをおこなった。石油と組み合わせて、排気量５００ccのエンジンをつけた自転車を動かしてみせたのだ。この混合燃料でウガンダのガソリン危機を救いたいと彼は述べている。

●過去と未来

ジンはほかのどの蒸溜酒にもまして、人々を議論させ、詩を書かせようとする飲み物だ。ウイスキーはスコットランドのハイランドや、アイルランドの薄暗い谷を彷彿とさせる。ラムは海賊や三角貿易をほのめかし、ウオッカはロシアの無情な政治家やシベリアの厳しい冬を物語る。すべての蒸溜酒にそれぞれの魅力的な歴史があるが、ジンの歴史はまさに世界の歴史であり、中東からヨーロッパへ、そしてアメリカへと続く道を描く。

ジンの「心臓」であるジュニパーは、古代から治療薬として使われてきた。エジプトでも、ギリシアでもローマでもそうだった、腺ペストが大流行した時代には、ヨーロッパじゅうがジュニパーをすぐれた万能薬だと考えた。そしてオランダでジュネヴァが生まれると、ジュネヴァは通貨代わりになり、オランダ東インド会社で毎日支給されるようになった。このオランダ東インド会社の人々が、アルゼンチンやインドネシアなど、さまざまな場所へジュネヴァをひろめた。

イギリスでは、ジンは社会の境界をこえ、貧しい人々も貴族も口にする酒となった。オランダと同じく、イギリスの東インド会社も植民地へジンをもっていき、インドをはじめさまざまな地域にひろめた。アメリカでは、ジュネヴァもオールド・トムもロンドン・ドライも「バスタブ」も――つまりはジンが――カクテルの誕生と進化に深くかかわった。カクテルへのジンのかかわりはほかのどの蒸溜酒よりも深い。そして今や、世界各地の現代的なジン、スウェーデン、ニュージーランド、アメリカ、スペインなどのジンが世界のスピリッツ文化の発展に影響を与え、多くのイノベーションと実験に寄与している。

ここ10年を見ると、ジンが酒の世界でふたたび主役の座を宣言しているようにも思われる。たし

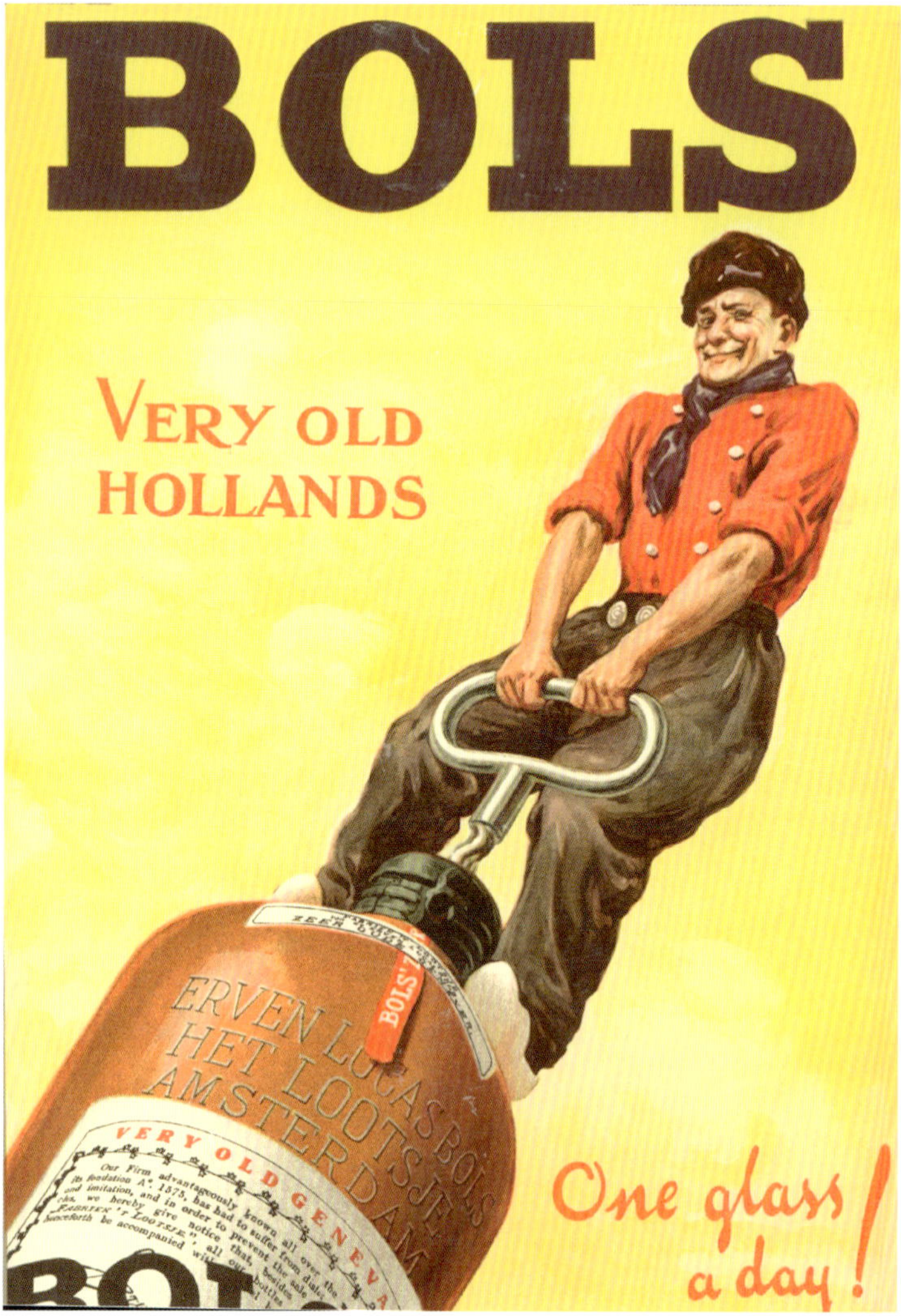

ボルスのポスター「とても古いホランズ Very Old Hollands」。1924年に制作され、1970年代まで使用された。

かに、ほかの蒸溜酒とは違ってジンにはさまざまなスタイルがある。伝統的なロンドン・ドライはジュニパーの強い風味を好むクラシック派に訴求する。ウオッカ好きや、ジンに対する認識を変えてくれそうなものを探している人は、新しい現代的なボタニカルの世界に足を踏み込めば、求めているものが手に入るだろう。そして過去へ旅したいと願うなら、オールド・トム・ジンの芳醇な甘さや「アウデ」・ジュネヴァのウイスキーのような強さが、酒の歴史を堪能させてくれる。

何を飲むにしても、ジンを楽しむのに必要なのは、その風味を好ましく思う味覚であって、ただ酔っ払いたいだけの身体ではない。貴賤を問わずいばらの道を歩んできた人間たちの歴史にも似て、ジンというスピリッツの進化も苦難に満ちている。スピリッツの世界のなかで、ジンはどの酒よりも錬金術的な酒だ。穀物とジュニパーというありきたりの素材を変身させ、霊薬のようなものにすることができるのだから。

謝辞

本を書くことはカクテルづくりに少しばかり似ている。できばえは材料しだい。幸い、私にはすばらしい「材料」があった。ジンの天才たち――私の質問に最後まで熱心に答えてくださり、人の紹介の労をいとわず、画像やレシピを提供してくれ、私が本書をきちんと書けるようにしてくださった方々だ。デール・デグロフはまさに「カクテルのキング」の称号にふさわしい。デールには歴史家のデイヴィッド・ワンドリッチを紹介してもらった。デイヴィッドは、いつもどんな細かいことにも答えてくれた。デールに紹介してもらったテッド・ヘーグは、なにをお願いしても必ず対応してくれた（お願いが山ほどあった）。そしてテッドが、ゴードンとタンカレーとギルビーの名誉マスター・ディスティラーであるヒュー・ウィリアムズを紹介してくれた。ヒューはイングランドのジンについての情報源というだけでなく、世の中のことをよく知る魅力的な人物だ。また、バーテンダーであり飲料コンサルタントでありサルーン経営者でもあるフィリップ・デュフは、私にとってジュネヴァの「ウェルギリウス」だった。フィリップの広範な知識のみならず、ハッセルトの国立ジュネヴァ博物館のヘンリー・レイメン、スヒーダムのジュネヴァ博物館のギド・ボーシャス、ボルス社の歴史家トン・フェルメウレンといった方々の博識にも支えていただいた。ブライアン・リーアとギャズ・レーガンもカクテルの王族だ。学術分野では、ジェシカ・ウォーナーのジン・クレイズについての研究は貴重だった。イェール大学のスーザン・ウォーカーとパシフィック大学のケン・アルバーラは、重要な文書を見つけだすのを手伝ってくれた。アルコール・アンド・ドラッグ・ヒストリー・ソサエティのコリン・ブルーアー、ダン・マレック、ジェームズ・ニコルズ、ジュディ・ストーヴ、デイヴ・トリッペルからも多くのご指導を頂戴した。「ブランド」の世界でも、多くの方々にお礼を申し上げねばならない。プリマスのアンバサダーであるサイモン・フォード、ヘイマン・ブラザーズのミランダ・ヘイマン、ウィリアム・グラント&サンズ（ヘンドリックス）のシャーロット・ヴォイジー。ディアジオの司書のアーリア・キャンベル、クリスティーン・マカファーティ、ジョアン・マカーチャー。そして、レオポルド・ブラザーズ・ジンのスコット・レオポルド、アヴィエイション・ジンのライアン・マグライアン、ランソム・スピリッツのタッド・シースタッド、G&J・グリーナルズのキャスリン・ゾマー、マーティン・ミラーズのリンジー・ゴートン、ボンベイ・サファイアのダニエル・カッツ。また、発行者のマイケル・リーマンとシリーズ編集者のアンディ・スミスには、このジン・ゲームをやらせてもらったことに感謝する。リアクション社の編集者マーサ・ジェイ、フォト・リサーチャーのスザンナ・ジェイズにも礼を申し上げたい。

FDRの言葉を拝借させてもらおう。さ、今が一杯やるのにぴったりの時間じゃないかな。乾杯。

訳者あとがき

本書『「食」の図書館　ジンの歴史 *Gin: A Global History*』は、イギリスの Reaktion Books が刊行している The Edible Series の一冊である。このシリーズは２０１０年、料理とワインに関する良書を選定するアンドレ・シモン賞の特別賞を受賞した。

近頃では敬遠されがちらしいが、日本には「とりあえずビール」という習慣がある。お酒は何が好きですかと聞かれたら、日本では、ビール、焼酎、日本酒、ワイン、ウイスキーをあげる人が多いだろう。ならばジンは？「ウイスキー党」とは言うけれども、「ジン党」とはあまり聞かない。イギリス、とくにイングランドではほとんどの家庭に置いてあると言われる「ナショナル・ドリンク」であり、カクテルのベースとしても欠かせないジンなのに、日本での存在感は控えめのように思う。訳者もジン・ベースのカクテルが好きだが、恥ずかしながらこれまでは、ジンそのものに興味をそそられたことはあまりなく、歴史もごく一部しか知らなかった。

ところが、本書で知ったジンの歴史は、想像以上のおもしろさだった。ルーツの「神話」と謎、毀誉褒貶、ブームとバッシング、逆襲と復活、貧民街から出て超高級ホテルのバーに入りこむまでの出世。まるで波乱万丈の人生のようだ。

それだけではない。「庶民の酒」だったジンの歴史は、「普通の人々」の歴史でもある。「歴史年表」に並ぶような政治や経済や軍事のできごとの背後にいる、庶民の姿が見えてくる。これもまた、文化や風俗の歴史をたどる醍醐味のひとつだと思う。文化や風俗は、時の権力者の思惑、社会の情勢や価値観などに左右されるが、ジンは毒にも薬にもなる「酒」であるだけに、なおさら多種多様の影響を大きく受ける。そうしたジンをめぐって浮かんでくるのは、いつの時代も変わらぬ人間の弱さと強さ、たくましさやしたたかさ、欲望、正義感や善意、向上心、知恵や創造性などだ。王侯貴族やセレブのまねをしようとしたあげく、貧しい生活のつらさを忘れたくてジンにおぼれてしまうこともあれば、士気高揚にジンを利用することもある。為政者に振り回されたかと思えば、権力者の裏をかく。知恵を絞って問題を切り抜け、伝統を守り、新しいものを生み出す。社会悪を解決しようと、時には過激に走りながら、試行錯誤を重ねる。

ところで、本書でも「ルネサンス」と呼んでいるが、今、世界では製法や素材にこだわった、職人がつくる工芸品のような「クラフト・ジン」がブームで、ジンは黄金時代を迎えているのだという。クラフト・ビール、クラフト・ウイスキーの流行を受け、本場イギリスから始まったらしい。本書では取り上げられていないが、日本にもこのブームは到来しており、国産の個性的なクラフト・ジンも次々と登場している。本書のおかげで訳者も遅まきながらクラフト・ジン・ブームのことを知り、大型酒販店で久しぶりにジンの棚を眺めてみたところ、輸入ものも国産品も以前とは段違いだった。驚くほど多くのブランドが並んでおり、ジンのブームを実感した。これからジンの存在感も増していくことだろう。また、ジンの進化とともに、カクテル文化、バー文化がどのように展開していくのかも興味深いところだ。

なお、本書の訳出にあたっては、一般社団法人日本バーテンダー協会編著の『改訂ＮＢＡ新オフィシャル・カクテルブック』をはじめとする各種資料を参照し、外国語のカナ表記や専門用語についてもできるかぎり調べたつもりではあるが、訳者の未熟さや無知による誤りもあるかと思う。読者のみなさまからご教示いただければ幸いである。

最後になったが、本書を翻訳する機会をくださったばかりか、丹念にチェックしてくださり、数多くの貴重なアドバイスをくださった原書房編集部の中村剛さん、いつも細やかな心遣いで支えてくださるオフィス・スズキの鈴木由紀子さんをはじめ、出版にご尽力くださった関係者のみなさまに、この場を借りて心よりお礼申し上げる。

２０１８年５月

井上廣美

写真ならびに図版への謝辞

図版の提供と掲載を許可してくれた関係者にお礼を申し上げる。

Author's collection: pp. 97, 116; Aviation Gin: p. 152; Courtesy ofBlue Island Ltd: p. 164; Collection of Lucas Bols: pp. 43上, 43下, 139, 168; Bombay Sapphire Gin: p. 143; © The Trustees of the British Museum, London: pp. 61, 62, 69, 81; Courtesy of Diageo: pp. 13, 76, 86, 89, 94, 122, 141, 145, 156; Getty Images: p. 24; William Grant & Sons: pp. 11, 16, 154; Courtesy of G&J Greenall's: p. 165; Collection of Ted Haigh: pp. 33, 85, 106, 112, 117; Hayman's Gin: p. 84; Istockphoto: p. 6 (Sean Davis); Jenevermuseum, Hasselt, Belgium: pp. 12, 34, 35, 162; Jenevermuseum, Schiedam, The Netherlands: p. 161; Leiden University Libraries: p. 29; London Metropolitan Archives: p. 50; US National Library of Medicine, Bethesda, Maryland: pp. 10, 19, 20, 22, 45, 66, 68, 100, 120; Plymouth Gin: pp. 73, 92; Ransom Spirits: p. 159; Collection of Brian Rea: p. 110; Sazerac Company: p. 114; David Solmonson: pp. 147, 151; Courtesy of the Lewis Walpole Library, Yale University: pp. 8, 48.

現在のジンの名酒

イギリスをはじめとしてフィリピン，オランダ，アメリカにいたるまで，さまざまなジンが人気を集めている。しかし，世界的なジン・ルネサンスは，今や伝統的なブランドや大手ブランドが多彩な現代的製品を販売するところまできた。

モダン・ドライ・ジン

クラシックなロンドン・ドライやドライ・ジン（ビーフィーター，ゴードン，グリーナルズ，タンカレー，プリマス，そして1845年参入の比較的後発のブードルス）は，ボタニカルとしてジュニパーを重視していることが定義となっているが，現代的なドライ・ジンは，まだジュニパーを使用しているものの，ボタニカルについても蒸溜方法についても，掟破りを楽しんでいる。

DH・クラーン・ジン **DH Krahn Gin**（アメリカ）　スタッフラー・アランビック・ポット・スチルで蒸溜するこのジンは，何段階もの浸漬（しんし）をおこなってエッセンスとオイルを抽出する。ワンパス蒸溜をおこなったのち，各バッチはスチール製バレルで3か月間寝かされ，さらに芳醇になる。カリフォルニア産グレープフルーツの皮やタイ産ジンジャーなどのめずらしいボタニカルが独特の個性を与えている。

ウィットリーニール・ジン **Whitley Neill Gin**（イギリス）　古い銅製ポット・スチルでつくられるこのジンは，アフリカ産のバオバブの木の実やケープ・グズベリーを使用する。どちらもこれまでジンには使われたことがないボタニカルだが，ジュニパーなどの伝統的スパイスがドライな風味を生み出している。

オクスレイ・クラシック・イングリッシュ・ドライ・ジン **Oxley Classic English Dry Gin**（スコットランド）「コールド・ディスティレーション」という一切過熱しない蒸溜法を初めて採用したジン。蒸溜器内を減圧して沸点を下げ，スピリッツを気化してから，コールドフィンガー型冷却器でその蒸気をスピリッツに戻す。このプロセスだと「ヘッド（前留）」や「テール（後留）」という不純物の多い部分が生じず，「ハート（本留）」というスピリッツの最良の部分だけをつくることができる。オクスレイはスコットランド産ジュニパー・ベリーを使用している唯一のブランドで，スコットランドのベリーがオランダ産ジュ

ネヴァ向けに輸出されていた17世紀を思い起こさせる。

キャップロック・オーガニック・ドライ・ジン **Cap Rock Organic Dry Gin**（アメリカ） このオーガニック・ジンは「ホール」のボタニカルだけを使用しており，乾燥させたピンクのバラのつぼみやラベンダーのつぼみも使われている。ベーススピリッツはポット・スチルを用いて有機小麦とアップル・スピリッツからつくられる。

ケイデンヘッド・オールド・ラジ・ジン **Cadenhead's Old Raj Gin**（スコットランド） 植民地時代のインドのジンにならい，オールド・ラジは，サフランを使用して淡い麦わら色とエキゾチックな香りを与えている。また，すべてのボタニカルが最初に36時間，アルコールと水の混合液に浸される。アルコール度数46度（92プルーフ）のものと55度（110プルーフ）のものがある。

ジュニペロ・ジン **Junipero Gin**（アメリカ） 1998年にアンカー・ディスティリング社が発売したジン。新しいタイプのジンの先駆けとなった。中心となるボタニカルはまだジュニパーだが，ジュニペロ独自のさまざまな材料に由来するスパイシーさがほのかに感じられる（アンカー社はジュネヴァ・スタイルのジンも生産している）。

ブルドッグ・ロンドン・ドライ・ジン **Bulldog London Dry Gin**（イギリス） ロンドンだけでつくられているスーパー・プレミアム・ブランド。蒸溜を4回，濾過を3回重ねてつくられる。ケシ，ドラゴンアイ（ライチの一種），ハスの葉，ラベンダーなどのボタニカルが型破りな個性を生み出しており，そうした個性が大胆なボトルデザインにも反映されている。

マーティン・ミラーズ・リフォームド・ロンドン・ドライ **Martin Miller's Reformed London Dry**（イギリス） 有名な富豪だった創業者の名を冠したこのジンは，伝統的なボタニカルを用いてイングランドでつくられる。その後，アイスランドへ運ばれ，そこで氷河がはぐくんだ軟水のシリリ・スプリングスの湧水と調合され，なめらかな味わいになる。

モダン・クラフト・ジン／インターナショナル・ジン／ニュー・ウエスタン・ジン

モダン・ジンの多くは，ヘンドリックスのたどった道を選び，みごとに因習を打破してきた。まだジュニパーが主役となることが多いが，びっくりするような新しいフレーバーも存在感がある。ロンドン・ドライ・スタイルでも，多くのモダン・ジンが定石をアレンジしている。

No.209ジン **No. 209 Gin**(アメリカ)　もはやジュニパーが脇役で，ベルガモット・オレンジと手で選別したカルダモンのほうが中心になっている。そして，ニュートラル・スピリッツに一晩漬けこんだボタニカルをシエラネヴァダ山脈の水とブレンドする。同社はロンドン・ドライと差別化したいと考え，自社製品をシンプルに「ジン」と呼んでいる。

アヴィエイション・ジン **Aviation Gin**（アメリカ）　アヴィエイション・ジン社は自社製品を「ニュー・ウエスタン・ドライ・ジン」というカテゴリーだと自称している。ジュニパーは欠かせないボタニカルだが，ほかのボタニカルも積極的に使ってよいのだという。アヴィエイションが重視するのは，ラベンダー，サルサパリラの果実，アニス・シードのようなボタニカルにみられるフローラルなかぐわしい香りだ。

カルーン・ジン **Caorunn Gin**（スコットランド）　まさしく郷土愛を表現したブランド。ハイランドの水を用い，ローワンベリー（ナナカマドの実）やタンポポ，ヘザー（ヒース），クール・ブッシュ・アップル，ヤチヤナギなどケルトのボタニカルを使っている。

ジーヴァイン・フロレゾンとジーヴァイン・ノエゾン **G'Vine Floraison and G'Vine Nouaison**（フランス）　ジーヴァインは，ベーススピリッツに穀類ではなくユニ・ブランという白ブドウを使う。ブランデーと同じように，まずブドウでワインをつくってから，4回蒸溜してブドウのニュートラル・スピリッツにする。ボタニカルもかなり異色で，ユニ・ブランの緑の花を使う。年に数日間しか開花しないという花だ。この花を摘み，スピリッツに浸漬してから，ジュニパーやナツメグ，クベバの実などの9種の伝統的な果実のボタニカルと合わせる。

スモールズ・ジン **Small's Gin**（アメリカ）　ハンドメイドのスモール・バッチ・ジンで，スターアニス，キャラウェー，ラズベリーなど，有機農法の天然のボタニカルを使用。19世紀のさまざまなジンのレシピを組み合わせて選り抜いたものがマスターレシピになっている（スモールズの生産者ランソム・スピリッツはオールド・トム・ジンもつくっている）。

ビーフィーター24ジン **Beefeater 24 Gin**（イングランド）　ロンドン・ドライの老舗が生んだこのジンは，オリジナル・レシピをベースに厳選した日本の煎茶と中国緑茶をブレンドしたものやグレープフルーツ・ピールも加えてある。これらをジュニパーなどの伝統的なボタニカルと合わせて，ビーフィーター独自の24時間のスティーピング（浸漬）プロセスで浸漬する。

ブルーム・ジン **Bloom Gin**(イギリス)　女性初のジン・マスター・ディスティラーが生み出すジン。カモミール，スイカズラ，ザボンなどイギリスの「カント

リー・ガーデン」を思わせる独特のボタニカルを使い，蒸溜を3回重ね，バッチ生産方式でつくられる。ブルームの親会社であるグリーナルズの古風な部分も反映し，ジュニパーがまだボタニカルの中心にある。

ライト・ジン **Right Gin**（スウェーデン） 北米産トウモロコシをグレーン・ベースに使用し，甘さを加えたジン。ジュニパーよりも柑橘類の香りが強い。スウェーデン南部の港湾都市マルメー近郊にある湖の軟水を使用する。マレーシアのサラワク産黒コショウがボタニカルに加えられているのもめずらしい。

レオポルド・アメリカン・スモール・バッチ・ジン **Leopold's American Small Batch**（アメリカ） コロラド産のスモール・バッチ・ジン。砕いたボタニカル（カルダモン，コリアンダー，バレンシア・オレンジ，ザボンなど）を加えている。個々のボタニカルのフレーバーを際立たせるため，それぞれのボタニカルを別々に蒸溜してからブレンドする。最高級のウイスキーと同じように，このジンも蒸溜液の「ハート（本留）」だけを使い，よりクリーンな味わいになっている。

オールド・トム・ジン

デイヴィッド・ワンドリッチによると，歴史的には「オールド・トム」という言葉はじつにさまざまなジンを指す。18世紀にはジン全般に使われ，19世紀初頭にはジュネヴァ・スタイルの甘味を加えたジンを，19世紀末には甘味を加えたドライ・ジンを指す言葉になったというように，何でもありだった。だが今では，ごく少数の生産者がこの古いレシピを再現しようとしているにすぎない。

ジェンセン・オールド・トム・ジン **Jensen's Old Tom Gin**（イギリス） イギリスのヘイマンズだけでなく，このオールド・トムも1840年代のレシピにもとづく。自然な甘さはボタニカルの割合が高いためで，前面に立つジュニパーに加え，フローラルや柑橘類の香りもある（ジェンセンはバーモンジー・ジンというオールド・スタイルのドライ・ジンも生産している）。

ヘイマンズ・オールド・トム・ジン **Hayman's Old Tom Gin**（イギリス） このジンのほんのりと甘い，まろやかなスタイルは，1800年代の自社のレシピにもとづく。ボタニカルは，ジュニパー，コリアンダー，アンジェリカ，オリスルート（ニオイイリスの根），柑橘類など，おなじみのボタニカルだ。アメリカの市場に初めて届いたオールド・トム。

ランソム・オールド・トム・ジン **Ransom Old Tom Gin**（アメリカ） カクテル

史研究家デイヴィッド・ワンドリッチとの共同研究から生まれたジンで，アメリカ産オールド・トム第1号。ヘイマンズと大きく異なるのは，19世紀の終わりではなく初めの頃のレシピを重視しているためだ。やわらかな琥珀色は樽で熟成させているからで，モルトのかすかな香りが，基調となるジュニパーの風味を運ぶ。甘味はボタニカル由来のものだけで，砂糖を一切加えていない。昔のオールド・トムもこうだった。

ジュネヴァとジュネヴァ・スタイルのジン

オランダとベルギーでは今もジュネヴァをつくっているが，アメリカには輸出されていない。ただし，アメリカでジュネヴァへの関心が高まるにつれ，オランダ企業のボルス社やアメリカの生産者アンカー・ディスティリング社がアメリカの市場へ直接届けるようになった。

オールド・スヒーダム・ジュネヴァ Old Schiedam Genever（オランダ） 現在では，正真正銘のオールド・スタイルのジュネヴァが，オランダのスヒーダムのジュネヴァ博物館にある。モルトワインを100パーセント使い，アルコール度数は40パーセント，そして賢明にもジュニパーだけを唯一のボタニカルとして用いている。また，このジュネヴァがほかとは違う点は，最初にバーボンを満たした樽を使って3年間熟成させていることだ。

ジェネヴィーヴ・「ジュネヴァ・スタイル」・ジン Genevieve 'Genever-Style' Gin（アメリカ） 現代のアメリカ産ジュネヴァの第1号。同じくアンカー・ディスティリング社の製品であるジュニペロと同じ独自のボタニカルを用いている。

ズイダム・ジュネヴァ Zuidam Genever（オランダ） 元デカイパー社マスター・ディスティラーが，息子と一緒につくっている3回蒸溜のジュネヴァ。ベースの穀類は，麦芽，トウモロコシ，ライ麦が同量で，ボタニカルは，ジュニパー，リコリスルート（カンゾウの根），ホールのバニラビーンズ，マジョラムなどが，最後の4回目の蒸溜のときに加えられる。

フィラーズ・ジュネヴァ Filliers Genever（ベルギー） 19世紀のオリジナルの製法を守り続けており，トウモロコシ，ライ麦，大麦という伝統的な組み合わせを用いている。

ボルス・ジュネヴァ Bols Genever（オランダ） オールド・スタイルのジュネヴァをもとに新たに生まれたジュネヴァ。モルトワインの風味が際立つウイスキーのような味わいが顕著だ。4種の蒸溜液――モルトワイン（ライ麦，小麦，ト

ウモロコシ)，ニュートラル・グレーン・スピリッツ，ジュニパー・ベリー蒸溜液，ボタニカル蒸溜液——を別々につくってからブレンドする。

レシピ集

どのようなミックス・ドリンクでも言えることだが，できあがりは使った材料の良し悪しで決まる。ここに記載するレシピは大半が特定のジンを指定あるいは推奨しているが，いろいろなジンでいろいろなドリンクをつくってみるのも悪くない。なお，分量の表示は1オンスを30*ml*に換算したメートル法で表記している。

クラシック・カクテル

◉コープス・リヴァイヴァーNo.2

このレシピの復元は『ビンテージ・スピリッツと忘れられたカクテル *Vintage Spirits and Forgotten Cocktails*』の著者，テッド・ヘイグのおかげだ。原典はハリー・クラドック編『サヴォイ・カクテルブック』（1930年）。

レモン・ジュース…30*ml*
リレ・ブラン*…30*ml*
コアントロー…30*ml*
ドライ・ジン…30*ml*
アブサン**…1ダッシュ

氷を加えてシェークし，カクテル・グラスに注ぐ。軸をとりのぞいたサクランボをグラスに沈める。このドリンクは，ほとんどの現代版レシピが指摘しているように，材料を正確に計量しなければならない。

*オリジナルのレシピではキナ・リレを使うことになっているが，現在はキナ・リレは入手できない。代わりにアペリティーヴォ・コッキ・アメリカーノを使用するとよい。
**おすすめのアブサンは，マルトー・アプサント・デ・ラ・ベル・エポック

……………………………………………

◉ジン・カクテル

ジェリー・トーマス著『ミックス・ドリンクの作り方，あるいは美食家の友 *How to Mix Drinks; or, The Bon Vivant's Companion*』の1862年版掲載のレシピに若干の手を加えたもの。

ガム・シロップ*…3または4ダッシュ
ビターズ**…2ダッシュ
ジュネヴァまたはジュネヴァ・スタイルのジン…60*ml*
キュラソー…1または2ダッシュ
レモン・ピール…1かけ

トーマスの厳密なレシピにしたがうならば，カクテル・シェーカーに⅓まで氷を入れてシェークし，（カクテル）グラスに注ぐ。

*ガム・シロップの代わりにシュガー・シロップでもよい。シロップの作り方：粉糖と水を1対1で合わせて煮詰める。要冷蔵。
**ビターズは好みに合わせて，アンゴスチュラでもフィー・ブラザーズでもペイショーズでもよい。

………………………………………

◉マルティネス

ジェリー・トーマス著『ミックス・ドリンクの作り方，あるいは美食家の友 *How to Mix Drinks; or, The Bon Vivant's Companion*』の1887年版掲載のレシピに若干の手を加えたもの。

マラスキーノ・リカー…2ダッシュ
オールド・トム・ジン…30*ml*
スイート・ベルモット…60*ml*

氷を加えてステアし，カクテル・グラスに注ぐ。¼にカットしたレモン・スライスを添える。トーマスによれば，「お客様が非常に甘いものをお好みなら，ガム（すなわち，シュガーの）シロップを2ダッシュ加える」。

………………………………………

◉ピンク・ジン／ジン・ビターズ／ジン・ジン・パヒット

ビターズの割合，ビターズのジンやグラスへの入れ方はさまざまある。このレシピは，チャールズ・H・ベイカー・Jr著『ジガー，ビーカー，そしてグラス *Jigger, Beaker, and Glass*』（1939年）掲載のレシピに若干の手を加えたもの。

アンゴスチュラ・ビターズ…4または5ダッシュ
ジン：オールド・トムまたはロンドン・ドライ

アンゴスチュラをシェークして脚付きグラスに注ぐ。ベイカーによると，「グラスをピサの斜塔のように傾け，親指とほかの指のあいだでグラスを回す。毛管引力によってグラスにはりついたアンゴスチュラの量が，まさしく正しい分量である」。余分なビターズをグラスから捨て，そのグラスにジンを注ぐ。

………………………………………

◉ラモス・ジン・フィズ

別名ニューオーリンズ・フィズ。カクテル史研究家デイヴィッド・ワンドリッチのご好意による。

このレシピは，禁酒法のために自分のバーの閉店を余儀なくされたヘンリー・チャールズ・ラモスが，その後公開したオリジナルの「秘密の」レシピだ。材料が材料なので，かなりよくシェークする必要がある。1915年，ラモスは35人の「シェーカー・マン」を雇った。シェーカー・マンたちはそれぞれ腕が動かなくなるまでフィズをシェークしてから，そのシェーカーを隣にならんでいるシェーカー・マンに渡していたという。

粉糖…大さじ1

オレンジ・フラワー・ウォーター…3または4ドロップ（これ以上は不可）
ライムの絞り汁…½個分
レモンの絞り汁…½個分
オールド・トム・ジン*…45*ml*
卵白…1個分
クラッシュド・アイス…グラス半分
牛乳またはクリーム…およそ大さじ2
セルツァー炭酸水**…少々（約30*ml*）

材料をすべてシェーカーに入れる。ラモスによると，「泡が消えてドリンクがスムースになり，雪のように白くなって，濃厚なミルクのようなとろみが出るまで，ひたすらシェーク，シェーク，シェークする」。

*プリマス・ジンでもよい。
**現代のバーテンディングでは，シェークしたものをコリンズ・グラスに注いでからセルツァーを加え，すばやくステアする。

………………………………………………

◉オリジナル・シンガポール・スリング

このレシピは，作家でバーテンダーのギャズ・レーガンのご好意によるもの。シンガポール・スリングは多数のレシピがあるが，これはシンガポールのラッフルズホテルで使用されている材料を用いる。

ビーフィーター・ジン…60*ml*
ヒーリング・チェリー・リキュール…15*ml*
ベネディクティン…7.5*ml*
コアントロー…15*ml*
パイナップル・ジュース…60*ml*
フレッシュ・ライム・ジュース…22.5*ml*
アンゴスチュラ・ビターズ…2ダッシュ
クラブ・ソーダ

クラブ・ソーダ以外の材料をシェーカーでシェークする。氷を入れたコリンズ・グラスに注ぎ，クラブ・ソーダを注ぐ。

………………………………………………

◉イモータル・シンガポール・ラッフルズ・ジン・スリング

このレシピは，チャールズ・H・ベイカー・Jr著『ジガー，ビーカー，そしてグラス *Jigger, Beaker, and Glass*』（1939年）掲載のレシピに若干の手を加えたもの。著者によると，このカクテルは「おいしく，じわじわときいてくる，油断のならないもの」だという。同著にはオリジナルのレシピものっているが，そちらは材料をすべて同じ割合で用いる。下記のレシピのほうが少し辛口になる。

ドライ・ジンまたはオールド・トム・ジン…60*ml*
チェリー・ブランデー…30*ml*
ベネディクティン…30*ml*
クラブ・ソーダ…適量

氷を加えてよくシェークする。氷を入れた小型のハイボール・グラスに注ぎ，

冷やしたクラブ・ソーダを注ぐ。ライムのスパイラルピールを飾る。

◉スモール・ディンガー

この風変わりな名前は，キューバの『バー・ラ・フロリダ・カクテルズ *Bar La Florida Cocktails*』1935年版の最初のページに出てくる。このバーは「ダイキリ・カクテル——ラム，砂糖，ライム——発祥の地」として有名なだけに，このジンベース・カクテルは興味深い。

ゴードン・ジン（同バー推奨）…30*ml*
（キューバの）バカルディ・ラムまたは上質のライト・ラム…30*ml*
グレナデン・シロップ…15*ml*
フレッシュ・ライム・ジュース…15*ml*

氷を加えてよくシェークし，カクテル・グラスに注ぐ。

◉ホワイト・レディ

『サヴォイ・カクテルブック』より。ハリー・クラドックとパリのハリーズ・アメリカン・バーのハリー・マッケルホーンの両者がともにこのカクテルの考案者だとされている。

フレッシュ・レモン・ジュース…22.5*ml*
コアントロー…22.5*ml*
ドライ・ジン…45*ml*

氷を加えてよくシェークし，カクテル・グラスに注ぐ。

モダン・カクテル

◉ボールド，ブライト＆フィアレス

ギャズ・レーガンのご好意による。レーガンによれば，「このカクテルはボルス・ジュネヴァを使うと，かなり個性的で，やさしくまろやかなカクテルになる。ウイスキーの大ファンだというのでなければ，ボルスのがぴったりだと思う。だが，もし本当に『ボールド，ブライト＆フィアレス（大胆不敵で聡明）』で，時々ウイスキーを1杯やるのが好きなら，このカクテルにはアンカー蒸溜所のジェネヴィーヴを使用すること。ジェネヴィーヴを使ったものはかなりの傑物だ」。

ジュネヴァ…45*ml*
コアントロー…15*ml*
パイナップル・ジュース…15*ml*
フレッシュ・レモン・ジュース…15*ml*
アンゴスチュラ・ビターズ…1ダッシュ
ガーニッシュ用のレモン・ツイスト…1切れ

氷を加えてよくシェークし，冷やしたカクテル・グラスに注ぐ。

◉フィッツジェラルド

『基本のカクテル *The Essential Cocktail*』の著者デール・デグロフのご好意による。デグロフはレインボー・ルーム時代，夏のジン・トニックの代わりになるものを何かつくってほしいと注文された。これが彼の出した美味なる回答――ジン・サワーをひとひねりしたものだ。

ジン…45*ml*
シュガー・シロップ…22.5*ml*
フレッシュ・レモン・ジュース…22.5*ml*
アンゴスチュラ・ビターズ…2ダッシュ
ガーニッシュ用の輪切りレモン

すべての材料と氷をシェークし，ロック・グラス（オールドファッションド・グラス）に注ぐ。レモンの輪切りを飾る。

◉ゴワナス・クラブ・ジン・パンチ

デイヴィッド・ワンドリッチのご好意による。ワンドリッチによると，これは19世紀半ばの奇想を凝らしたジン・パンチの「ルーズだがルーズすぎないパスティーシュ」で，現代のジンに合うようにしたもの。（レオポルド・ジンなら，このカクテルを活かすのに欠かせない理想的な柑橘系の風味をもたらしてくれる）。

（パンチの材料）
レモン…3個
粉糖…50*g*
絞りたての漉したレモン・ジュース…250*ml*
リッチ・パイナップル・シロップ*…125*ml*
シャルトリューズ・ジョーヌ（イエロー）…30*ml*
プリマス・ジン…1リットルボトル1本
緑茶…1リットル
セルツァー炭酸水またはクラブ・ソーダ
ガーニッシュ用のミントの葉

（パイナップル・シロップの材料）
デメララ粗糖またはタービナード（中白糖）…1*kg*
パイナップル…1個

1. レモン3個の皮を白い部分ができるだけ少なくなるようにむく（ピーラーを使うのがベスト）。むいた皮を大型のボウルに入れ，砂糖50*g*を加えて混ぜる。
2. レモンのオイルが出てくるまで1時間置く。
3. 絞りたての漉したレモン・ジュース250*ml*を加え，砂糖がとけるまで混ぜる。
4. 3にリッチ・パイナップル・シロップ*125*ml*，シャルトリューズ・ジョーヌ（イエロー）30*ml*，プリマス・ジン1リットル，緑茶1リットル（ティーバッグ3個を1リットルの熱湯

に3分間浸し，ティーバッグを取り出してから冷ましておいたもの）を加える。
5. またステアし，レモンピールを取り出したら，このパンチベースを少なくとも1時間冷蔵庫で冷やす。
6. 供するさいには4リットルサイズのパンチ・ボウルに半分まで氷を入れ，パンチベースを注ぎ，セルツァー炭酸水またはクラブ・ソーダ1リットルを加える。軽くステアし，ガーニッシュが必要ならミントの葉を飾る。

*リッチ・パイナップル・シロップの作り方

デメララ粗糖またはタービナード（中白糖）1キロに500*ml*の水を加え，とろ火にかけながら砂糖がとけるまで混ぜる。シロップができたら冷ましておく。パイナップルの皮をむき，芯を取り，約2*cm*角に切る。切ったパイナップルをボウルに入れ，十分かぶるくらいの量のシロップを加えてから，ボウルにラップをして一晩置く。次に，ボウルの中身を漉して取り除き（取り除いたパイナップルのチャンクは，凍らせておけばパンチのガーニッシュに使える），そのシロップをびんに入れて冷蔵庫で保存する。

………………………………………………

◉ジュネヴァ・アレキサンダー

ジンとジュネヴァの専門家でアムステルダムのドア74（door74）創業者，フィリップ・デュフのご好意による。デュフによれば，このカクテルは「基本的にはミルク・パンチで……リッチでクリーミーなドリンクに豊かなモルト感を加えたもの」。

オールド（アウデ）ジュネヴァ*…45*ml*
ダーク・クレーム・ド・カカオ・リカー…45*ml*
牛乳…67.5*ml*
リッチ・シュガー・シロップ

材料すべてを硬いキューブド・アイスと合わせて十分にシェークする。冷やしたカクテル・グラスに注ぐ。カカオ分99パーセントのダークチョコレートをすりおろして振りかける。

*モルトワインが多いほど苦みが増す。コーレンウェイン（コーンワイン・ジュネヴァ）がよい。モルトワイン100パーセントのジュネヴァならなおよい。ヤング（ヨンゲ）ジュネヴァは避ける。

………………………………………………

◉アンユージュアル・ネグローニ

ウィリアム・グラント&サンズ・USA（ヘンドリックス）のポートフォリオ・アンバサダー，シャーロット・ヴォイジーのご好意による。

ヘンドリックス・ジン…30*ml*
アペロール…30*ml*
リレ・ブラン…30*ml*

材料と氷をミキシング・グラスに入れてステアする。ストレーナーで漉しながらカクテル・グラスに注ぐ。オレンジ・ツイストを飾る

●マーティン・ミラーズ・ジン・トニック・ソルベ

砂糖…455*g*
アイシング用粉糖…小さじ2
セルツァー炭酸水…500*ml*
レモンの絞り汁…ろ過したもの6個分
トニック・ウォーター…500*ml*
マーティン・ミラーズ・ジン…60*ml*

1. 砂糖，セルツァー炭酸水，レモンの絞り汁を火にかけ，時々混ぜながら沸騰させる。
2. 火からおろし，マーティン・ミラーズ・ジンとトニックを合わせてステアする。
3. まずは冷蔵庫で冷やし，アイスクリーム・メーカーでシャーベット状になるまで冷やす。その後，冷凍庫で保存する。アイスクリーム・メーカーがない場合は，材料を混ぜ合わせたものを浅い容器に移して冷凍庫に入れ，1時間ごとにフォークでかき混ぜながら，シャーベット状になるまで5時間ほど置く。
4. ミントの芽，レモンカードかレモン・ゼストを飾る。

●スロー・ジンの作り方

ゴードン／タンカレー社名誉マスター・ディスティラー，ヒュー・ウィリアムズのご好意による。

イングランドでは，昔からスローは初霜がおりてから摘むことになっている。その頃にはスローは熟し，赤みがかった実というよりも黒い実になる。多くの場合，摘んだスローにピンで穴をあけてから，砂糖とジンを加え，そのまま長時間漬けておく。ただし，これは危険をともなう。ほとんどの果実は，堅い種にシアン化合物が含まれており，そのシアン化合物が外にしみでる可能性がある。スローも例外ではない。

もっとよい方法がある。これならスローからもっと早く風味を抽出でき，スローに穴を開ける手間も省ける。まず，スローを24時間以上冷凍庫に入れておき，完全に凍ったら，保存用ジャーに移す。そこに上質の強いジンを加え，しっかりとふたをする。（凍ったスローに室温のジンを注ぐと，スローの皮がはがれ，スローの色と風味が抽出される割合が増す）。

その後4週間，毎日，びんを上下にひっくり返す。1日普通に立てておいたら，翌日はさかさまにして立てておくという具合に。4週間たったら，びんにスローを入れたまま，スローを浸してある酒をガラスびんに漉しながら移し，ふたをする。できれば緑のガラスびんをお勧めする。スローのほうは，ジャーの¾まで湯

冷ましか蒸溜水を加え，それから2週間，またあの上下にひっくり返す作業をくりかえす。ご心配なく，スローにしみこんだアルコールを抽出する作業だ。それに，まだ少しはスローの色もしみ出てくるので，「ロゼ」ワインのような色になる。

2週間後，こちらの酒も漉しながら，前に取り出してあった酒に加えて混ぜる。好みで甘味を加えてもよい。スロー・ジンを若いまま飲むほうが好きな人もおり，それはそれでかまわないが，数か月寝かせたほうがいいという人もいる。長く寝かせれば寝かせるほど，プラム感の強い，ポートワインのような風味に近づく。その色も，熟成と酸化がすすむにつれ変わっていく。

レスリー・ジェイコブズ・ソルモンソン（Lesley Jacobs Solmonson）
フードライター。特にカクテルとワインに精通。雑誌「ワイン・エンスージアスト」ほか多くの雑誌・新聞に寄稿。アメリカ・カクテル博物館（MOTAC: the Museum of the American Cocktail）諮問委員。初心者向けのカクテル・レシピのサイト「12bottlebar.com」を夫デイヴィッドと共同で主宰。『*Chilled*』誌シニア・エディター。

井上廣美（いのうえ・ひろみ）
翻訳家。名古屋大学文学部卒業。主な訳書に，ジョン・D・ライト『図説呪われたロンドンの歴史』，ハービー・J・S・ウィザーズ『世界の刀剣歴史図鑑』（以上，原書房），マーク・マゾワー『バルカン：「ヨーロッパの火薬庫」の歴史』（中公新書），ロン・チャーナウ『アレグザンダー・ハミルトン伝』（日経BP社）など。

「食《しょく》」の図書館《としょかん》

ジンの歴史《れきし》

●

2018年5月28日　第1刷

著者……………レスリー・ジェイコブズ・ソルモンソン
訳者……………井上廣美《いのうえひろみ》
装幀……………佐々木正見
発行者……………成瀬雅人
発行所……………株式会社原書房

〒160-0022 東京都新宿区新宿1-25-13
電話・代表03(3354)0685
振替・00150-6-151594
http://www.harashobo.co.jp

印刷……………新灯印刷株式会社
製本……………東京美術紙工協業組合

ISBN 978-4-562-05555-5, Printed in Japan